黄河下游陶城铺以上河段河势演变研究

张　敏　郑艳爽　丰　青　著

U0253252

黄河水利出版社
·郑州·

内 容 提 要

本书在冲积性河流自动调整机制的基础上,深入分析了河流调整的非平衡态与河型多样性关系。从水沙、断面形态及平面形态变化的角度,阐述黄河下游游荡型河道的演变趋势。针对小浪底水库运用前后,黄河下游高村以上游荡型河段河势变化特点,阐明了影响河势的关键影响因子,分析论证了河势对工程的适应性。分析论证了高村至陶城铺河段河道平面形态的演变特点、河型变化特征。基于冲积性河流平衡理论分析了黄河下游河道的不平衡程度,揭示了河流功率与河道横断面形态的关系。最后,通过黄河下游河道平面形态与河流能态关系,揭示了河道平面形态的调整机制。

本书可供从事冲积性河流研究人员、河道整治技术人员、河流地貌研究人员参考。

图书在版编目(CIP)数据

黄河下游陶城铺以上河段河势演变研究/张敏,郑艳爽,丰青箸. --郑州:黄河水利出版社,2019.12
ISBN 978-7-5509-0688-4

Ⅰ.①黄… Ⅱ.①张… ②郑… ③丰… Ⅲ.①黄河流域-河道演变-研究-山东 Ⅳ.①TV147

中国版本图书馆 CIP 数据核字(2019)第 295499 号

组稿编辑:岳晓娟　电话:0371-66020903　E-mail:2250150882@qq.com

出 版 社:黄河水利出版社　　　　　　　　　　　网址:www.yrcp.com
　　　　　地址:河南省郑州市顺河路黄委会综合楼14层　邮政编码:450003
发行单位:黄河水利出版社
　　　　　发行部电话:0371-66026940、66020550、66028024、66022620(传真)
　　　　　E-mail:hhslcbs@126.com
承印单位:河南新华印刷集团有限公司
开本:787 mm×1 092 mm　1/16
印张:13.75
字数:326 千字
版次:2019 年 12 月第 1 版　　　　　　　　印次:2019 年 12 月第 1 次印刷

定价:98.00 元

前　言

　　随着上中游骨干水库逐步投入运用,以及黄河中游产沙环境的显著改善,黄河下游来水来沙发生了较大变化。自小浪底水库 2000 年运用以来,2002~2015 年共开展调水调沙 19 次,期间除调水调沙外,黄河下游长期处于低含沙小流量的水流过程,黄河下游河道发生了较大的调整。黄河下游淤积萎缩的局面得到了扭转,由淤积抬升转为冲刷下切。黄河下游河道平滩流量增大,主槽最小平滩流量已达到 4 350 m³/s。河道不断展宽,局部河势出现上提或下挫,工程上首产生新的心滩。河势的新变化对河道整治工程的安全产生了影响,同时河道下切使得引水困难。以往对游荡型河段河势演变规律研究居多,而对清水小水条件下过渡型河段的研究较少。

　　在来水来沙锐减的大环境下,下游河道演变也发生了明显调整,相应于未来河道的治理也引起大家的共同关注。对于目前黄河下游标准化堤防已全部建成、“二级悬河”形势严峻、小洪水河势频发、影响河势稳定与滩区安全的大背景下,为了顺应黄河水沙变化,确保防洪安全,实现下游河道不改道、河床不抬高的治理目标,有些学者提出了缩窄河道的新建议,也有些学者提出了黄河下游“两道防线”的治理战略。但有学者认为“宽河固堤”与“束水攻沙”是黄河下游治理的两种基本方略,应实现两者的有机统一。另外,长江中下游的沙洲、江心洲、心滩、浅滩等河道成型淤积体,对河道稳定、航道整治、沙洲湿地和农业生产等均发挥着重要作用。因此,在水沙变化较大的环境下,河道平面形态的改变是未来河道治理方向的一个重要决定因素。

　　对于冲积性河道平面形态的变化已有众多研究。这些研究多集中在水库运用前后,下游河道发生的演变特征,以及河道平面形态的变化影响因素。而基于河流过程本身的复杂性,只有研究清楚平面形态内在变化机制,才能对平面形态的成因有更加深刻的认识。国内外许多学者在此方面已进行了大量理论和实验研究。主要的理论研究可以分为地貌临界假说、河流最小能耗率假说、稳定性理论、随机理论、突变理论和统计分析。以上各理论是对实际现象进行抽象化和概化分析,即使是统计分析,都不可避免地对天然河流中复杂繁多的影响因素进行了人为的选择和排除,仅从影响因素的分析方面都很难面面俱到。而河道平面形态的变化,受流量、含沙量、河床和河岸物质组成、有无整治工程等的因素影响,其过程是动力和阻力的博弈,河流所处的能量状态的体现。而对于河流平面形态与河道所处能态之间的相关研究甚少,尤其是河道工程较多的河流,该方面研究更少。本书即以黄河下游陶城铺以上河段为主要研究对象,分别分析高村以上游荡型河段和高村至陶城铺过渡型河段的河势演变特点,基于河流平衡理论在黄河下游的适用性,分析黄河下游不同河段不平衡变化程度,分析河道平面形态与河道所处能态关系,揭示冲积性河流平面形态调整机制。本书研究成果对于深入认识多沙河流河床演变有着重要的理论意义,对于黄河下游河道的治理方向有着重要的技术支撑。

本书在编写中引用了大量的文献和资料,恕未在书中一一注明。在此,对有关文献作者表示诚挚的谢意!限于编者水平,书中难免存在不足之处,敬请广大读者批评指正。

编　者

2019 年 11 月

目　录

第 1 章 绪 论

1.1 研究背景与意义

冲积性河流河道形态的调整是河床演变学的核心研究内容。钱宁(1987)认为,河道总是顺应来水来沙条件的变化而做出调整,以塑造能够平衡输沙的河道形态。河流的自动调整理论给出了河道调整的方向和目标,也是冲积性河流河床演变遵循的基本原理和法则。事实上,由于来水来沙条件的不断变化,河床无时无刻不处在变形和发展的状态中,平衡只是河床演变的发展目标或者一个短暂状态(Phillips,1992;Knighton,1998;Wu et al.,2012),大部分时间,河道是处于非平衡态的。平衡态的概念首先被引入地貌学,进而被用来描述河床演变过程中河流可能存在的状态。Gillbert(1877)认为,地貌侵蚀力与抗侵蚀力的大小相当,即系统达到平衡。Mackin(1948)提出平衡河流的概念,强调河流系统的水流和泥沙的输入与输出相等。Lane(1955)也引入了流量、比降、输沙率和床沙粒径这几个变量来描述河道达到平衡态的关系。在印度和巴基斯坦北部,人们从长期的实践中,逐步认识到灌溉渠道必须保持一定的断面尺寸和比降,才能使引自大河的浑水通过渠道,保持冲淤平衡,后被 Lacey(1930)称为"均衡理论"。Leopold 和 Maddock(1953)把这些经验进一步应用到河流中,认为处于平衡状态的天然河流,其比降、河宽、水深、流速与流量之间存在着简单的幂指数关系。河流演变的均衡稳定理论前人进行了很多研究,提出了很多极值理论和假说,例如最大统计熵理论(Leopold,1962)、最小方差假说(Langbein,1964)、最小河床活动性假说(窦国仁,1964)、最小河流功理论(杨志达,1971)、最小河流功假说(张海燕,1979)、最大能量耗散率理论(黄万里,1981)、最大输沙率假说(White,1982),以及陈绪坚(2004)提出的河流最小可用能耗率原理等。近期,Huang et al.(2004,2006)通过 1746 年 Pierre-Louis Maupertuis(皮埃尔・莫佩尔蒂)引入的最小作用量原理(principle of least action,LAP)证明了最小能耗原理和最大输沙能力原理的正确性。而非平衡态的河流其自动调整的机制是什么? 这是研究非平衡态河床演变亟待解决的问题。

人类活动对河流的影响越来越大,中上游水库修建对水沙的巨大调节作用,使下游河道处于大幅度的调整变化中(Yang et al.,2002;Miao et al.,2011),比较典型的就是黄河下游。自 1960 年三门峡水库修建后,三门峡水库的不同阶段运用方式的改变,使进入黄河下游河道的水沙发生了明显的变化。虽然经历了 1960~1964 年的冲刷下切,河道淤积抬升态势略有缓和,但 1965~1973 年,三门峡水库滞洪排沙,导致下游河道大量淤积,河槽在淤积抬高的同时,主槽不停缩窄。"二级悬河"现象在东坝头至高村出现。1986 年后,进入黄河下游的水沙量明显减少,特别是汛期大洪水减少,高含沙中小洪水发生概率增多,加之黄河上游龙羊峡水库的运用导致汛期基流减小,河槽明显萎缩。滩地生产堤规模和数量的增加,下游主槽和嫩滩大量淤积,而二滩的淤积受到限制,主槽平均河底高程抬升较快,滩地横比降越来越大,迅速加剧了"二级悬河"的发展。2000年,花园口至高村河段平均河宽仅为800 m。2002年汛前,高村河段平滩流量仅为1 800 m³/s(黄河水利委员会,2012),给黄河下游的防洪带来极大的压力。

从2002年,黄河水利委员会开始了对黄河大规模的调水调沙试验。通过水库联合调度(万家寨、三门峡和小浪底)、泥沙扰动和引水控制等手段,把不同来源区、不同量级、不同泥沙颗粒级配的不平衡的水沙关系塑造成有利的人造洪水过程,有利于下游河道减淤甚至全线冲刷。2002~2012年共进行了16次调水调沙,使得下游河道展宽的同时,也发生了冲刷下切。黄河下游各河段平滩流量均增大,其中河段最小平滩流量已达到3 880 m³/s。小浪底水库的蓄水拦沙运用使得黄河下游淤积萎缩的局面得到了扭转,由淤积抬升转为冲刷下切。但因黄河下游长期处于低含沙小流量的水流过程,游荡型河道平面形态发生了显著变化。游荡型河段的主流线迁移摆动幅度比以前有所减小,主流线长度增长,弯曲系数增加(陈建国,2012;王卫红,2012;陈绪坚,2013)。小浪底水库拦沙运用后,也引发了畸形河势的增多。由于畸形河势演变的不确定性,往往造成严重险情甚至决口(胡一三,2006)。例如,2003年蔡集工程上首出现畸形河湾,河湾向纵深发展,造成生产堤决堤,致使兰考、东明滩区全部漫滩,给滩区人民生活带来了极大不便(王卫红,2004)。2016年,开仪控导—赵沟控导的河势成"S"形,形成2处畸形河湾(见图1-1),且主流线严重偏离治导线,开仪控导37#坝出来的水流成横河直接冲向赵沟控导上首,左岸滩地持续坍塌。综上所述,由持续清水小流量而引起的平面形态变化,给防洪和河道整治工程带来了不利的影响。

尽管过去几十年来众多科学家和工程技术人员在认识冲积性河流演变规律方面做出了极大的努力,取得了一系列的科研成果(Schumm,1960,1977,1985;钱宁,1986,1987;潘贤娣,2006;张敏,2006,2007,2008,2016)。尤其是对黄河下游游荡型河道的演变,已有研究成果已从各个方面对游荡型河型的形成进行了详细的分析。例如,钱宁(1986)指出造成游荡型河型的基本原因是河床的堆积抬高和两岸不受约束。当然也存在一些别的因素,例如泥沙冲淤幅度大,洪峰猛涨猛落,流量变幅大,洪峰中含沙量大等。总体来说,游荡型河道的成因主要包括来水条件、来沙条件和边界条件。Huang et al.(2004)指出,造成河型多样性的原因与河道所处的能态有关。当河谷所拥有能量远远小于河道输沙所需的最小能量时,易出现极不稳定的游荡型河道。众多的研究成果为游荡型河道的治理开发提供了技术指导及支撑,同时也推动了科学发展。但由于问题的复杂性,有些认识还存在分歧。对于游荡型河道的研究多集中在原因分析及摆动范围上,而对于游荡型河道平面形态变化机制,以及在水沙锐减条件下游荡型河型变化趋势的认识也不一致(王兴奎等,2004;王光谦等,2006)。解决此问题的关键是从理论上深化对河床演变机制与过程的认识。

综上所述,本书即在冲积性河流平衡状态的基础上,分析黄河下游不同时期河道形态的不平衡程度,并通过不平衡发展程度与河道平面形态之间的关系,揭示黄河下游河道形态自动调整机制。从现实意义上讲,正确认识游荡型河道形态调整机制,能准确评估水沙变化后河道形态的调整趋势,为黄河下游河道治理和提高黄河下游的防灾减灾能力提供

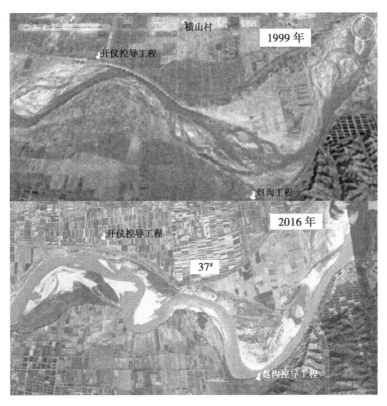

图 1-1　开仪工程畸形河湾

坚实的技术支撑,能够对未来可能面临的险情预先采取适宜的措施和手段。从科学意义上讲,深入开展河流所处能态与河道形态之间的关系,从而揭示非平衡态黄河下游河道的自动调整机制研究,对于冲积性河流河床演变学具有重要的促进意义。

1.2　国内外研究现状

Mackin(1948)提出冲积性河流演变具有一定的平衡倾向性,这一观点指明了河流演变的终极目标。但这个平衡的目标究竟是怎样一个状态?该命题一直是地貌学家、物理学家等竭力研究的问题(Gillbert,1887;Lane,1955;Schumm,1969;Dust et al.,2012;Huang et al.,2004,2006,2008)。自 1687 年牛顿原理建立以来,用力和动量的概念来定量解释物理现象已被广泛认可。然而在 1746 年这两个权威的概念被皮埃尔·莫佩尔蒂引入的最小作用量原理(LAP)所挑战。LAP 包含一些对牛顿原理奇妙和微妙的扭转,运动的变分公式不再用力和动量,取而代之的是物理量中的能量和功,其定义并不依靠任何坐标系。重要的是 LAP 表明,在众多的选择中,自然界遵循的是在做功方面“最经济”的路线。现代物理学已愈来愈多地依赖变分法揭示复杂深奥的自然规律。变分法也已在地貌学和水利工程中得到了应用,揭示了河流形态的调整都是倾向于用最小的能量输送最大的泥沙负荷(Huang et al.,2004,2006,2008)。当河流达到没有多余能量可以消耗时,即为对应的平衡状态。本章从河流的平衡倾向性、河流平衡态概念的发展、最小作用原理的特性、变分分析法解决河流平衡态优点,以及冲积性河流平衡理论与河型多样性之间的关系等方面,探讨了目前冲积性河流演变的机制。

1.2.1　冲积性河流河床演变的自动调整机制

河流的自动调整具有平衡倾向性和随机性的双重特性。一方面,河流自动调整的最终结果力求使得来自上游的水量和沙量能通过河段下泄,河流保持一定的相对平衡,这种特点称为平衡倾向性(钱宁等,1987)。另一方面,由于流域的来水来沙条件在时间上的不恒定性和空间上的不均匀性、河流边界条件的不均匀性以及河床演变过程相对于水沙变化过程的滞后性,河流可以处于各种不同的状态,这有很大的随机性(卢金友,1990)。它与许多因素有关,如流域特性、水流泥沙运动、地貌临界条件、河床边界条件、特大洪水、侵蚀基准面等。

Mackin(1948)提出平衡河流具有使来自流域的泥沙能够输移下泄的流速,强调河流系统的平衡是指物质(水流和泥沙)的输入与输出相等,并且指出系统任何一个因素的改变都会使平衡发生调整,其调整能够吸收改变造成的影响(钱宁等,1987)。在 Mackin 的定义中,除过分强调坡降调整的作用外,对于冲积性河流的平衡倾向性和调整过程中的反馈特点做了充分的反映。

根据辩证的观点,绝对的、静止的平衡是没有的。在自然现象中,有很多是属于所谓的"开放系统"。这种系统与系统外的环境不断有物质和能量交换。当整个系统达到平衡时,各个组成部分依然可以有一定的变化。由于流域因素的多样性和复杂性,来自上游的水流所挟带的泥沙,不会总与当时的河槽在这样的水流下的挟沙能力相等,河槽免不了会有一定的冲淤变化。因此,冲积性河流的河床无时无刻不处在变形和发展之中,不变形只是相对的、暂时的,变形是绝对的、长期存在的。河流的自动调整作用,又是朝着使变形消失或是停止的方向发展的。因此在一个较长时期内,作为平均情况来说,河流可以趋向一定的相对平衡。

1.2.2　冲积性河流平衡理论分析

1.2.2.1　平衡态的概念

平衡态的概念在地貌学里被用来描述河床演变过程中可能存在的状态。Gilbert(1877)首先从地貌学的角度提出了地貌系统动态平衡的概念。他认为地貌侵蚀常常发生在抗侵蚀能力最弱的地方,当松软的岩层被侵蚀后,留下抗侵蚀能力较强的岩石,侵蚀力与抗侵蚀力的差距逐渐减小,直到这两种力的大小相当,系统即达到平衡状态。随后,Mackin(1948)提出了平衡河的概念,他强调河流系统的平衡是指物质(水流和泥沙)的输入与输出相等,并且指出系统任何一个因素的改变都会使平衡发生调整,其调整能够吸收改变所造成的影响。

Lane(1955)通过引入流量(Q_w)、比降(J)、输沙率(Q_s)和床沙粒径(D_s)这四个变量,来描述河道达到平衡状态的关系:$Q_w J \propto Q_s D_s$。50 年后,Lane 平衡的关系式被进一步的深化,如图 1-2 所示。该平衡状态关系为工程师、地貌学家和教育工作者提供了一种独特的可以描述河道平衡发展的概念模型(Dust et al. ,2012),即当来水增加而来沙量不变,且河床物质组成是均匀沙的情况下,比降的调整可描述为 $Q_w^+ J^\downarrow \propto Q_s^0 D_s^0$,其中 Q_w^+ 代表通过流量增加,$J^\downarrow$ 表示比降减小,Q_s^0 表示相应的沙量不变,D_s^0 表示床沙粒径不变。在描述不同的场景中,利用"+"或是"−"表示来水来沙或河道形态参数的增加或减小,而利用"↑""↓"或"≈"表示变量的潜在变化趋势。在前面的描述中,比降是唯一随着水流和泥沙调整的变量。一种情况,当流量(Q_w^-)减小、其他量都不变时,则必须增大比降以保持协调发展,即比降的变化趋势是可描述为 $Q_w^- J^\uparrow \propto Q_s^0 D_s^0$。另外一种情况,当径流增加($Q_w^+$)、沙量来源却减少($Q_s^\downarrow$)时,用 Lane 的表达式可描述为 $Q_w^+ J^\downarrow \propto Q_s^\downarrow D_s^\uparrow$,河道为了维持原来的状况,就要使比降变缓($J^\downarrow$)或是河床物质变粗($D_s^\uparrow$)。

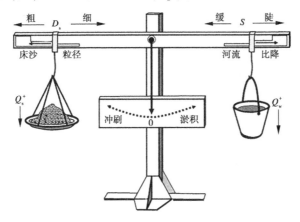

图 1-2 Lane 的平衡关系式描述(Dust,2012;Geomorphology)

虽然 Lane 的表达式对于描述河道由于比降和河床物质调整响应方面非常有用,但是对于描述复杂的河道变化,如横断面形态、平面形态或是河床形态等方面,其作用从根本上说非常有限。因此,许多研究者通过引入横断面形态或是平面形态参数,对 Lane 的关系式进行了进一步研究。例如 Schumm(1969)假设比降、河宽、水深和平面形态的变化对来水来沙的多少响应关系如下:

$$Q_w \propto B \cdot h \cdot L/J \tag{1-1}$$
$$Q_s \propto B \cdot L \cdot J/(h \cdot P) \tag{1-2}$$

式中:L 为河湾跨度;P 为弯曲系数;B 为河宽;h 为水深。

Schumm(1969)将这两个基本的关系式相乘,又增加为 4 个关系式,如 $Q_w^+ Q_s^+$、$Q_w^- Q_s^-$、$Q_w^+ Q_s^-$ 和 $Q_w^- Q_s^+$。

在印度和巴基斯坦北部,人们在长期的实践中,逐步认识到灌溉渠道必须保持一定的断面尺寸和比降,才能使引自大河的浑水通过渠道,保持冲淤平衡,后被 Lacey(1930)称为"均衡理论"。1953 年,Leopold 和 Maddock 把这些经验进一步应用到河流研究中,认为在处于平衡状态的天然河流中,河宽、水深和流速与流量之间同样存在着简单的指数关系:

$$B = \alpha_1 Q^{\beta_1} \tag{1-3}$$
$$h = \alpha_2 Q^{\beta_2} \tag{1-4}$$

$$U = \alpha_3 Q^{\beta_3} \tag{1-5}$$

式中:α_1、α_2 和 α_3 为相应系数;β_1、β_2 和 β_3 分别为指数。这样的关系,被称为水力几何形态。对于指数,$\beta_1 + \beta_2 + \beta_3 = 1$。

关于河流地貌的演变,有一些假设认为河流必须要有多余的能量,且这些能量受最大摩擦力或最小能耗原理的控制(Chang,1979a,1979b,1980a,1980b,1985,1988;Millar and Quick,1993)。当然也有一些不像以上所描述的有剩余能量的河流,其河谷比降比较缓,常见河流断面宽浅比较单一,不足以达到能完全输送水沙的状态。在这种情况下,横断面形态发生调整用来储存能量,加强泥沙输送,并通过淤积来向平衡状态调整。除了河口和淤积盆地,这样的能量不足以输送全部泥沙的河流,最典型的代表就是黄河下游。河流可以通过调整横断面形态和平面形态达到最有效的平衡状态(Huang et al.,2000,2002,2004)。

Thorn et al.(1994)认为平衡的概念源自于混沌。在一定程度上说,平衡的概念混淆是由静态和动态、流体动力的状态认识不清导致的,而平衡则是从能量或是力平衡的角度来说的。平衡态是一个物体接近稳定的状态(该术语经常互换),一个物体对一个使其产生位移的力如何反应是很重要的。对于一个处于随遇平衡(也叫中性平衡)的物体[见图1-3(c)](Nanson et al.,2008),其结果是没有任何合力的作用。不稳定平衡即一个附加的力与最初的位移作用在同样的方向[见图1-3(a)]。稳定平衡即一个小的位移产生相反力或是恢复力,且与原来最初位移相反,这个反力经常过渡补偿,系统将会在平均状态下来回摆动[见图1-3(b)]。

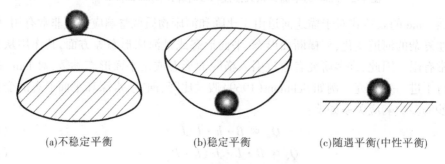

(a)不稳定平衡　　　　　　(b)稳定平衡　　　　　(c)随遇平衡(中性平衡)

图1-3　静态系统的平衡状态

在静态和动态系统中,一个物体若处于静止状态,则其属于"静态平衡";如果处于一个恒定的速度运动状态,而对于一个以相同方向、相同速度运动的观察者来说,其处于"动态平衡"。更重要的是,后者总是处于动态的,在长期内物体的运动总是围绕着一个静平衡点来回运动(Thorn et al.,1994)。一个摆动的单摆就是一个典型的动态系统,其总是围绕着单摆的最低点来回运动。静平衡状态是与负反馈和内稳态密切相关的,因此它可以看作是一个动态平衡系统中的平衡状态。一条弯曲河流总是处于动平衡状态,不停地摆动减小比降(势能)消耗动能;一条顺直河流则是处于比较低的能坡,处于稳定状态。显然,动平衡这个术语不同于20世纪地貌上所说的质量通量平衡。

影响河道调整的变量主要有流量、河道比降、来沙量和泥沙级配。其中,流量是最大的一个独立变量,流量和比降决定了河流系统的能量大小,沙量和级配决定了所需要做功大小。在很多种情况下,不是所有的能量都是用来做功的。事实上,存在三种可能(Nanson et al.,2008):①河流所具有的能量大于输送水和搬运泥沙所需的能量,在这种情况下,存在剩余能量,河道将不稳定。②河流所具有的能量刚好等于所需的能量,这种情况河流是稳定的。③河流所具有的能量小于所需能量,这也会导致河道不稳定,但这与能量过剩的情况有所不同。大部分河流都接近第2种情况,河道所具有能量与所需能量接近。冲积性河流通常在某种限定条件下可达到平衡状态,它是一个自动调整系统,能消耗任何多余的能量使输沙效率达到最佳,也能在能量不足时,调整存储能量。

1.2.2.2 最小作用量原理

自从1687年牛顿原理(自然哲学之数学原理)建立以后,用力和动量的概念来定量解释物理现象已经被广泛认可。然而,1746年这两个权威的概念被Pierre-Louis Mauper-tuis(皮埃尔·莫佩尔蒂)引入的最小作用量原理(LAP)所挑战。最小作用量原理是物理学中描述客观事物规律的一种方法。从一个角度比较客体的一切可能的运动轨迹(经历),认为客体的实际运动轨迹(经历)可以由作用量求极值得出,即作用量最小的那个。LAP包含一些对牛顿原理奇妙和微妙的扭转,运动的变分公式不用在力和动量上,取而代之的是物理量中的能量和功,其定义并不依靠任何坐标系(向量)。重要的是,LAP表明,在许多可能的选择中,自然界遵循的是在做功方面"最经济"的路线(e. g. Lanezos,1952;Dugas,1957;Stauffer et al.,1989;Kroemer,1994)。

自从LAP被引入以后,受到了大量著名物理学家及数学家们的支持,尤其是Euler(欧拉)、Lagrange(拉格朗日)、Hamilton(汉密尔顿)和Jacobi(雅各比)。对许多人而言,LAP提供了一个有效的方法,从广义相似性角度统一了物理学的各个领域,并强化了各学科分支的理念(e. g. Lanezos,1952)。在18~19世纪,派生出与流速、时间和空间相关的欧拉-拉格朗日方程,是从经典力学分析或是变分分析而形成。到19世纪末,LAP成为不仅被经典力学而且被电动力学和热动力学普遍接受的方法。直到20世纪,LAP的应用更加广泛。20世纪40年代,Feyman(费英曼)确定了LAP在量子物理学方面的应用(Brown,2005)。从那以后,物理学家发现LAP成为粒子物理学的基本规范理论,最终建立了基本物理学。LAP也被广泛地应用于物理学之外,最著名的一个例子就是Zipf(齐普夫)基于最省力原理来理解人类行为(Zipf, 1949)。随着20世纪70年代分形理论被广泛接受,Zipf定律变得更加受欢迎,并且被视为最基本的自然现象。它不仅出现在单词频率分布上,也出现在城市、人口、战争、物种、海岸线、地震和很多其他行为和过程中(Schroeder,1991)。

在地貌学和水利工程中已有许多极值假说得到了应用。相对于这些应用,Griffiths(格里菲斯)(1984)评论说,它们只是提供了一些进步的错觉。Mosselman(2000,2004)则认为LAP和那些极值假设都是没必要的。与之相呼应,许多科学家根据水流在河道边界上的力与边界的反作用力的交互作用过程来确定河流的河道形态问题(Parker,1978a,1978b,1979;Ikeda,1981;Ikeda et al.,1981,1988;Pizzuto,1990;Kovacs et al.,1994;Vigilar et al.,1997,1998)。但这些分析极为复杂,通常需要简化处理(Phillips,1991;Knighton,1998;Huang et al.,2002)。近10多年来,最小作用量原理在认识河流自动调整机制方面取得了大量的成果,已被越来越多的学者所认可(Nanson et al.,2016)。

1.2.2.3　最小作用量原理和特殊的平衡态

最小作用量原理 LAP 的通用表达式为

$$\delta A = 0 \qquad\qquad (1\text{-}6)$$

式中:A 为变量沿其运动轨迹的作用量。

对于明渠水流,Huang et al.（2000,2001,2002）和 Huang et al.（2002,2004a,2004b)已经检验过 LAP 的应用性,并发现 LAP 可以被认为是最小势能原理。为了输送水沙,河流需要一定的动能来达到平衡。因此,一些势能须转化为动能。最小势能原理是最小能量原理(principle of minimum energy,PME)的一种特殊情况。Huang et al.（2004）认为 PME 可以应用到各种明渠水流中,包括理想无摩擦、有摩擦但边界不固定或是边界可调整的输沙冲积性河流。在固体力学中,最小能量发生在物体处于静止状态时。在明渠水流中,静止时刻和地点出现在总能量 E 达到最小时,即 $E = E_{\min}$:

$$E_{\min}(\zeta) = \text{Min}\left[E_{p}(\zeta) + E_{k}(\zeta)\right] \qquad (1\text{-}7)$$

其中

$$\phi_{i}(\zeta) = 0 \qquad\qquad (1\text{-}8)$$

式中:E_p 为势能;E_k 为动能;$\phi_i(\zeta)$ 代表 i 个约束条件,包括水流连续性、水流阻力和泥沙输送;ζ 为横断面形态(水深或河宽与水深比值)。

由式(1-7)和式(1-8)决定的最小能量 $E_{\min}$ 与汉密尔顿函数的最小条件或是汉密尔顿量相类似(动能和势能的总和),这在经典力学和量子力学中都是最重要的算子变分定理(Lanczos,1952;Dugas,1957;Stauffer et al.,1989;Kroemer,1994)。从式(1-7)和式(1-8)可以看出,$E_{\min}$ 与最广义变分原理 LAP 拥有相同的物理意义,即用最小可能的能量完成给定的负载。这包括输送河流系统的来水和来沙。因此,$E_{\min}$ 解释了 LAP 如何有效地控制明渠水流运动。

"静平衡状态"在河流动态系统中的意义最初并不明确。在固体力学中,它可以被简单描述为一个单摆,可用的能量分为两部分:在一个位置上所拥有的势能和动能。单摆的垂向最低点是"静态平衡"点,也是动态的"吸引子",且单摆每次必须经过这势能最低点和动能最大点。在它摆动过程中能量是在这两种状态之间来回传递。当单摆只有势能且总能量达到最低($E = E_{\min}$),或系统有过多能量($E > E_{\min}$)时,单摆仍然运动,但重要的是垂向最低点是整个动态运动过程中的"静态平衡"点。这表明,静态平衡状态(能量最小)在任何动态系统中发挥着重要作用,系统能量必须服从能量守恒,且从一种状态转化为另一种状态。在拥有多余能量的河流中,这些多余能量须通过河道形态的变化来消耗,相应的河流变弯曲或是辫状河型。因此,用单摆来做类比,可以直观地看出,河流系统中没有多余能量的静止状态决定了河流的调整趋势。

当一条河流没有足够的势能(能坡),即没有多余的能量被消耗时,其演变不能简单地用单摆来描述,因为此时其能量位置已低于单摆最低点。实际上,这时河道的调整,会尽量使摩擦能量损失降低,势能增加,从而达到输送水沙所需的能量为最小状态。这包括河道变顺直或是上游淤积(河道变陡),或是减少宽深比达到更有效地输送水沙断面。此外,物理学中静态平衡状态是一个吸引子,它决定了河流演变的方向。

PME 不仅在经典力学而且在更复杂的情况下均被广泛应用。例如,量子系统中,电子不是静止的也能达到静止状态,即系统总能量或势能达到最小时。Huang et al.（2004）

发现明渠水流的静平衡状态($E = E_{min}$)出现在可用能量刚好能够输送水体或泥沙时。在一条河流中,当剩余能量大部分被摩擦力耗散(表面阻力),且没有做任何多余的功时,能量恰好输送来水来沙,那这条河流将是一条顺直的河流,这个河流系统即处于"静态平衡"。当一条河流由于摩擦力耗散了一些多余的能量后,仍然有剩余的能量做功(例如使河流弯曲,产生心滩边滩沙坝,产生内部变形来消耗多余能量),这时河流将处于"动态平衡"。区别河流是否在静态平衡和动态平衡状态对认识河流演变规律非常重要。

1.2.2.4　变分法解决河流平衡问题的优点

冲积性河流在水力几何形态上具有自动调整特性,且在平滩的情况下以最有效的方式输送流域来水来沙(Wolman et al.,1960)。它表现出稳定的几何形态,且能用稳定的河相关系式来合理预测(Lacey,1929,1933,1946,1958;Blench,1952,1969,1970;Simons et al.,1960)。这些河相关系式是一系列相互交错因素的反映,最初反映了流量的影响,可表达为如下经验性方程式:

$$\left.\begin{array}{l} B = \alpha Q^{0.5} \\ h = c Q^{0.3} \\ V = t Q^{0.2} \end{array}\right\} \tag{1-9}$$

式中:B、h 和 V 分别为河宽、水深和流速;α、c 和 t 均为系数。

输送的水量和沙量、局部植被,泥沙组成,局部比降等对河道形态的影响均得到体现。

当假定稳定河道代表的是静平衡状态时,即来水和来沙均可被输送走,且不会造成冲刷或淤积的不平衡现象(Mackin,1948)。这种现象出现概率较小,除非没有自我调整的原则,去控制无数种冲积性河流可能产生的几何形态的组合。

在均匀可动边界且能自我调整的河道中,理论上来说,河道平衡状态可由以上三个方程来确定,但因三个方程中有四个变量,因此需要增补一个方程才能使其闭合。常用的方法有两种:牛顿力学方法和极值假说方法。

牛顿力学方法主要以临界起动理论及其修正形式为主。这一种方法是针对边界有卵石和顽石组成的山区河流提出的。该理论认为平滩流量下河道边界各处的泥沙恰好处于临界起动状态,并由此推导出河槽断面形态的数学表达式及其沿程河相关系。该方法的优点是物理机制清晰,充分考虑了河流边界的应力分布,在描述局部微观现象时具有较高的可靠性。但由于实际河流切应力分布情况复杂,很难通过数学模型进行描述,且建立模型方程的控制体不包括河床冲淤体体积,在计算时间步长内一般假定河床边界固定不变,不能回答河床演变的河宽变化问题(陈绪坚,2004)。同时,这类方法的求解过程极为复杂,且对水流运动方程结构形式敏感,联立求解几何形态时往往不能得到符合实际的结果(倪晋仁,1992)。这些都限制了该方法的推广。

极值假说方法认为河流处于平衡状态时其特征量达到某种极值状态,当河流的平衡遭到破坏时,河道进行调整使特征量朝极大值或极小值发展。由于极值假说没有明确的理论基础,不同学者从不同角度出发得到的极值假说也不相同,具有代表性的极值假说包括最小方差原理(Leopold et al.,1962;Langbein,1964)、最小能耗率原理(Yang,1971)、最小水流能量假说(Chang,1979a;Chang,1979b;Chang,1980a)、最大输沙率假说(Kirkby,1977;White et al.,1982)、最大阻力假说(Davies et al.,1983)等。这类方法从平衡条件入手,依据一定的机制提出假说,结合水流运动方程求解断面几何形态,具有不受初始边界条件限制的优点,由于不需要考虑河流向平衡状态演变的复杂过程,求解过程相对容易。但这类方法也存在不足,很多理论源于热力学理论的直接移植,缺少令人信服的物理解释。从现有研究看,并非所有理论都能符合实际情况,使用过程中需要对各类假说进行识别。最重要的是,这种方法对于为何要将这些极值假说应用其中来解释河流调整过程,还缺乏令人信服的物理解释。

近年来,Huang et al.(2000,2001,2002)、Huang et al.(2002)提出了一种新的研究天然河流达到输水输沙平衡的数理分析方法。这一分析方法表明,目前已知的天然河流的水流连续、阻力和泥沙运动三个方程已足够对天然河流平衡条件给出解答。也就是说,没有必要刻意引入第四个河流运动方程来求解天然河流平衡条件。但为减少基本水流运动关系式中的自变量数目,引入河流过水断面几何形态宽深比 B/H。按照这种方法,在求解过程中,也证明了当总能量达到最小时,河流处于静平衡状态,能坡处于最小 $J_f = J_{min}$,输沙率达到最大 $Q_s = (Q_s)_{max}$,是河流达到稳定平衡的条件,此时得到的河道形态即是平衡河道形态。因此,最有效的河流几何形态是在 $J_f = J_{min}$ 和 $Q_s = (Q_s)_{max}$ 均满足条件下产生的,这也是 LAP 在河流系统的应用中很好的证明。这表明,LAP 在河流系统的应用不是一个目的论命题,在众多的解释河流几何形态的极值假说中,只有最小能耗原理(MSP)和最大输沙能力原理(MSTC)可视为 LAP 解释河流几何形态的具体表达。此外,MSP 和 MSTC 也定量估计了水流的效率,提供了一个非常有效的方法去研究和理解 $J_f > J_{min}$、$Q_s < (Q_s)_{max}$ 或者 $E > E_{min}$ 时的河道形态。

1.2.2.5　冲积性河流平衡理论

挟沙水流与天然河床边界的相互作用在一定条件下可自动形成一条能使输水输沙达到平衡的河道,理论上来说,这一平衡条件可由水流运动方程来定,水流连续性、阻力和泥沙运动方程:

$$Q = BhV \tag{1-10}$$

$$V = \sqrt{\frac{8}{f} gRJ_f} \tag{1-11}$$

$$Q_{sc}/B = c_d (\tau_0 - \tau_c)^\alpha \tag{1-12}$$

式中:f、g、R、Q_{sc}、τ_0、τ_c、c_d 和 α 分别为水流摩擦系数、重力加速度、水力半径、输沙率、剪切力、临界剪切力、与粒径大小有关的系数和指数;J_f 为水面比降,这里等于河道比降,即 $J_f = J$。但由于三个方程有四个变量,因此引入宽深比 ζ,采用变分分析方法来求解平衡状态下的河道几何形态。

水流运动方程是描述河道中的水流运动速度与河道阻力(水头损失)之间关系的方程,因此也称为水流阻力方程。河道阻力系数有多种表达形式(Nanson et al.,1999),从而产生了不同的水流阻力公式:Lacey(1958)公式、Darcy-Weisbach 公式、Manning 公式、Manning-Strickler 公式、谢才公式等。水流阻力方程的选择对于稳定平衡条件的确定及影响因素的分析并不会产生太大的影响,其差别仅在于不同公式的适用范围以及所选参数的不同而已(Huang,2002)。天然冲积性河流河床边界一般较为粗糙,在水流运动沿程较均匀、河道床面形态不明显的情况下,通常用 Manning 公式来量化河床边界对水流的阻力,如式(1-11)所示。

挟沙力公式在水力要素的标识方式上千差万别。比如张瑞瑾公式、杨志达公式是用流速来标识输沙率,这类公式一般针对悬移质,比较适用于河道冲淤总量的计算,且通常能够得到很好的结果。另外一类是推移质输沙率公式,总体来说可分为四类(钱宁和万兆惠,1986):①以大量的实验工作为基础建立起来的推移质公式,以 Meyer-Peter 和 Müller 公式(1948)为代表。②根据普通物理学的基本概念,通过一定的力学分析建立起来的理论,以 Bagnold 公式(1966)为代表。③采用概率论及力学相结合的方法建立起来的推移质理论,以 Einstein 公式(1949)为代表。④以 Einstein 或 Bagnold 某些概念为基础,辅以量纲分析、实测资料拟合而建立起来的公式,以 Engelund、Yalin 公式等为代表。黄河清(Huang,2010)根据他和张海燕提出的冲积性河流线性理论,发现推移质输沙公式中的 α 的取值可以通过水流阻力方程中水力半径的系数确定,并根据该线性特征条件以及 Meyer-Peter 和 Müller、Gilbert 的水槽试验结果,提出了与 Manning 公式相匹配的 Meyer-Peter 和 Müller 推移质输沙方程参数:

$$c = 6.0; \quad \tau_c^* = 0.047; \quad \alpha = 5/3 \tag{1-13}$$

黄河清等(Huang,2010)、于思洋等(2012)、Huang et al. (2014)将该公式应用到长江下游,发现与其他三个输沙公式相比,该输沙公式所得到的结果更接近于实测河道的断面形态。

1.2.3　非平衡态河流的调整趋势——河型的多样性

由于河谷比降(J_V)的存在河道才能输送水沙,而河谷比降则是河川、冰川和地质构造的产物(Schumm,1977;Schumm et al.,1987;Knighton,1998)。因此,河谷比降不是当前河流的结果,而是加在当前河道上的一个前期条件,它是受来自上游水沙条件的影响。河谷所能提供给河流的能量 Ω_V 可表示为(Bagnold,1966):

$$\Omega_V = \gamma Q J_V \tag{1-14}$$

式中:Ω_V 为河流的总功率;γ 为水的容重;J_V 为河谷比降。

在冲积性河流里河谷比降是外在影响因素。河道可以根据本身需要,调整其路线长度,这是受内在因素影响的。因 γ 是定值,而 Q 是最大的变量,因此仅比降是可以调整的,且比降是河流调整的关键因素。

根据 Huang et al. (2000,2001,2002)的研究,在已知流量 Q 和输沙率 Q_s 的情况下,顺直单一河道平衡输沙的最小能坡 J_{min} 可由下式来确定:

$$J_{min} \propto Q_s^{0.708 \sim 0.522} Q^{-(0.788 \sim 0.702)} \propto (Q_s/Q)^{0.708 \sim 0.522} Q^{-(0.080 \sim 0.180)} \tag{1-15}$$

因此,输送泥沙所需的最小能量可如下表示:

$$\Omega_{min} = \gamma Q J_{min} \propto Q_s^{0.708 \sim 0.522} Q^{0.222 \sim 0.298} \tag{1-16}$$

河谷所拥有的能量 Ω_V 和输沙所需的最小能量 Ω_{min} 是由不同的河流演变机制所决定的,因此 Ω_V 和 Ω_{min} 不可避免地会不相等。因 Ω_V 和 Ω_{min} 的表达式中均含有流量 Q,不同的则是 J_V 和 J_{min}。因此,输沙所需的最小能量和河谷所拥有能量的对比,则存在如下三种情况:①$J_V = J_{min}$;②$J_V > J_{min}$;③$J_V < J_{min}$。因为 J_{min} 代表着在顺直单一河道情况下,来自上游的水沙全被送走,而本河段不产生冲刷或淤积。

当 $J_V < J_{min}$ 时，则意味着在这样的系统中河道冲淤未达到平衡的情况。这是由于没有充足的能量来输送全部泥沙，或是来沙过多以至于目前所具有的能量不足以去输送。因此，河道不可避免地会产生冲刷或是淤积，而河道也会呈现出不稳定的辫状河流（Chang，1979b；Bettess et al.，1983；Desloges et al.，1989；Knighton，1998），极不稳定的游荡型河道（钱宁，1965），或是一些网状河流（Makaske，2001）。这些类型河道要达到平衡，只有当河流功率增加或是来沙减少（Q 增加或是 J 增加）。换言之，不仅要改变流量过程而且还可能要改变环境的情况下，河流才能达到平衡。传统意义上的辫状河流的定义，是由于平面特征或是比较陡的比降挟带大量过多的泥沙（Leopold et al.，1957；Parker，1976；Chang，1979b；Wang et al.，1989；Knighton，1998）。这类辫状河流能量过剩（比降较大），可以通过消耗掉一部分多余能量达到动态平衡。这类辫状河流演变完全是通过水流耗散多余的能量，因此本书中所指的辫状河流即指这种具有多余能量的耗散性河流。

当 $J_V = J_{min}$ 时，河道的比降刚好能输送流域的来水来沙。因此，顺直单一河道不仅是水流能量效率最大，而且河道处于平衡或稳定状态。在这样的河流系统中，河道的断面形态将会是最有效的河道水力几何形态。这样的情况明显可用最小能量原理来解释，当然也包括最小能耗原理、最大输沙效率和最大水流效率原理（e. g. Chang，1979a，1980a，1980b；White et al.，1982；Huang et al.，2000，2001，2002）。

当 $J_V > J_{min}$ 时，河谷所能提供的能量大于水流输送泥沙所需的能量。这种情况河谷的形成受很多条件的影响，如强有力的地壳运动力、冰川作用或是极大的古洪水作用。平滩的水流通过较陡的比降来消耗多余的能量。对于顺直河流，无论是宽浅还是窄深均可通过增加边界阻力的方法来消耗多余的能量。事实上，非常窄深的河道是很少见的，因为存在严重的河岸崩塌危险，很难维持稳定的状态。而宽浅的河道则比较常见，但伴随着局部的冲刷或淤积，从而形成心滩、边滩或河心岛。换句话说，为了消耗多余的能量，顺直单一的河道将会不可避免地产生横向或纵深的冲刷。调整的过程中，边界可能限制了河道往更宽方向发展，但是河流会产生更加弯曲的形态，从而减小能坡。因此，河道横断面形态和平面形态的调整是一个非常复杂的过程，直到河道多余能量与河床或河岸阻力之间达到平衡为止。

这些河道断面形态和平面形态的调整，是为了消耗多余能量，从而使水流偏离了原来的均匀状态。最小能量原理中能量最小的状态，发生在河道的调整刚好能使多余能量完全消耗完时。河流如何通过调整断面形态和平面形态而消耗多余的能量，在一些水槽试验研究中已有体现。Ackers et al.（1970，1971）的水槽试验研究表明，河道最初是稳定顺直的，但随着比降的增加，河道变得弯曲。河流逐渐变弯曲的过程中，通过河湾变形阻力的产生，从而消耗多余的能量。Schumm et al.（1972）通过研究证明了这一观点。他通过进一步增加比降，河岸材料不能维持稳定的单一弯曲形态，从而演变为辫状河道来消耗多余的能量。野外观测资料也证明，当河岸物质组成包含黏土或是植被时，水流消耗多余能量而产生局部冲刷，河道会变得更单一弯曲（Schumm，1977，1981，1985；Bettess et al.，1983）。更重要的是，以上的情况证明了弯曲河道比顺直河道更能消耗多余的能量。首先，水槽试验表明，同样的水流通过弯曲河道比通过顺直河道会消耗更多的能量。其次，Nanson et al.（1983，1986）的野外观测成果表明，弯曲型河道往往增大河道横向摆动，进而通过最优的河湾型态来输送泥沙。另外,无论是水槽试验还是野外观测,均发现河流的阶梯深潭也是产生最大水流阻力,或最大能量耗散的有效途径(Abrahams et al., 1995; MacFarlane et al.,2003)。

对于冲淤积性河流,尤其是那些河岸为砂土、无黏性泥土或是无固沙植物的情况下,河道明显地表现出耗散过多能量而产生的局部冲刷。从而河道展宽,汊道和心滩产生。通过这样的调整,辫状河道增加了水流阻力,消耗了多余能量(Leopold et al., 1957; Schumm et al.,1972; Schumm, 1977; Ashmore, 1991; Ferguson, 1993)。

总之,可用如下的定性表达式来预测在给定河岸边界条件下河道形态变化。它同时也体现了能量与平衡的关系:

$$
\left.
\begin{aligned}
\text{辫状河道} \qquad & J_V \gg J_{min} \\
\text{弯曲河道} \qquad & J_V > J_{min} \\
\text{顺直河道} \qquad & J_V = J_{min} \\
\text{不平衡河道} \qquad & J_V < J_{min}
\end{aligned}
\right\}
\tag{1-17}
$$

假定 J_{Vcr} 是弯曲河道与辫状河道的分界比降,则上式可改写为:

$$
\left.
\begin{aligned}
\text{辫状河道} \qquad & J_V > J_{Vcr} \\
\text{弯曲河道} \qquad & J_{min} < J_V < J_{Vcr} \\
\text{顺直河道} \qquad & J_V = J_{min} \\
\text{不平衡河道} \qquad & J_V < J_{min}
\end{aligned}
\right\}
\tag{1-18}
$$

式(1-18)的示意图如图 1-4 所示。值得注意的是,公式(1-18)所表达的结果与 Bettess et al. (1983)预测河型变化的经验模型基本一致。这两者的一致性,更说明了最小能量原理是河道演变的基础理论。重要的是,这两者均可从自然河道或是模型试验中得到证实(Wang et al.,1989)。

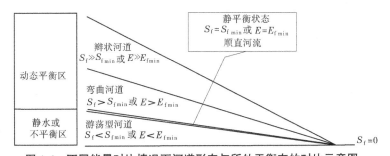

图 1-4 不同能量对比情况下河道形态与所处平衡态的对比示意图

Schumm(1960,1969,1972)指出,当流量、输沙率和泥沙粒径不变时,冲积型河道抵抗横向冲刷摆动的能力取决于河道的弯曲系数和河道由弯曲型转变为辫状河流的能力,像如下关系式所表达:

$$
J_{Vcr} \propto \tau_{bk} \tag{1-19}
$$

式中:τ_{bk} 为河岸材料的抗冲能力。

在不同的河流中,流量 Q、输沙率 Q_s、泥沙粒径 d 和最小所需比降 J_{min} 都是变化的,因此在一般河流功率的表达式（$\Omega_{\text{Vcr}}=\gamma Q J_{\text{Vcr}}$）中，$S_{\text{Vcr}}$ 需要被替换。此外，前期研究表明，$J_{\min}$ 一般是四个变量的函数，即流量 Q、输沙率 Q_s、河道糙率 n（简单情况下是泥沙粒径 d）和河岸剪切力 τ_{bk}（Julien et al., 1995；Huang et al., 1995, 1997, 1998, 2000, 2001, 2002；Huang, 1996）。因此，式（1-19）一般可表达为

$$J_{\text{Vcr}} = f(Q, Q_s, d, \tau_{\text{bk}}) \tag{1-20}$$

若 J 为河道最终的比降，因弯曲河道发生在 $J_V < J_{\text{Vcr}}$ 时，如式（1-20）和式（1-18）所示，则 $J < J_{\text{Vcr}}$。因为河道弯曲性增强，则增加了河长，减小了河道比降。反之，当 $J_V > J_{\text{Vcr}}$ 时，产生辫状河流，则 $J > J_{\text{Vcr}}$，且这种类型河流将产生近似直线的路径。因此，$J \sim Q$ 是固有的关系式，可用来区分不同的河型，即

$$J = f(Q, Q_s, d, \tau_{\text{bk}}) \tag{1-21}$$

该式也解释了为什么 Ferguson（1987）、Dade（2000）和 Bledsoe et al.（2001）发现，将泥沙粒径 d 加入 Leopold et al.（1957）常用的 $J \sim Q$ 关系式后，改善了关系式表达。Millar（2000）在研究河岸植被对河型的影响时，进一步证明了 $J \sim Q$ 关系式的正确性。Millar（2000）也在尝试把游荡河型与辫状和弯曲河型区分开，但是发现前者与流量 Q 或是河岸植被或河岸粒径毫无关系。正如式（1-15）和式（1-16）所指出的，游荡河型是处于非平衡状态的河流。因此，Millar（2000）用于预测能达到动态平衡的弯曲或是辫状河流的模型，是不能用于预测不平衡态的河流的。

黄河下游就是一条处于非平衡态的河流，尤其是游荡型河段，多年平均年沙量 16 亿 t，但河道纵比降仅有 2‰。河道的纵比降远远小于输沙平衡所需比降，即 $J \ll J_{\min}$，河道所具有的能坡不能完全输送所有上游来沙。因此，长期以来河道不断淤积抬升，平面外形游荡摆动。游荡型河流为了向所具有的能坡与能输送的泥沙相匹配方向发展，河道会做出如下调整：①减小水流中的含沙量，因此在来沙较大的情况下在该河段产生强烈淤积，以减少河流负担。尽量使得 $J_{\min}$ 减小，以缩小实际纵比降 J 与 $J_{\min}$ 的差距。②增强河道所具有的能坡 J，并减小河道能耗。游荡型河段的河流一般弯曲系数较小，尽可能保持顺直的外形，以减小河长，增大河道比降。尤其是在洪水期水流一般较顺直，黄河下游常有"大水趋直，小水走弯"的说法。③当比降调整有限时，增大水深，减小宽深比，使河道更窄深，来提高输沙效率。

1.2.4　过渡型河段河势演变特点

高村至陶城铺的过渡型河段在河道整治前，因整治工程不完善，已有整治工程平面形式不规则，控制河势能力较弱，该河段曾发生过多次典型的畸形河湾（胡一三，1991）。例如 1962~1967 年的桑庄至刑庙的李桥裁弯。1962~1964 年的闫那里至国那里的"枣包楼""Ω"形河湾。1962~1966 年在石桥形成"S"形河湾，即石桥裁弯。1959~1960 年在聂固堆至张村附近形成典型的"Ω"弯道，即王密城裁弯。胡一三（1991）认为黄河下游过渡型河段，在自然演变阶段，裁弯是一种常见的河势演变现象。通过河道整治，稳定主流，改变了形成畸形河湾的条件。1974~1985 年，通过河道整治工程的修建，高村至陶城铺主流摆动范围和年均摆动强度已由整治前的 1 850 m 和 450 m 缩小到 800 m 和 180 m（胡一三，2006）。但由于水沙条件的变化，1986~2000 年，非汛期长期小水，汛期得不到大洪水的修复，导致河势向不利方向发展，总体表现为工程靠溜部位上提，靠溜段减小，主流线弯

曲系数增大,滩地坍塌。

高村至陶城铺的弯曲系数从 1960 年后逐步呈现出减小的趋势。从整治前的 1.349,缩小为整治后的 1.328。说明经河道整治后,主流线长度明显减小(胡一三,2006)。1971年后主流线变化明显减小,1974 年后弯曲系数变化已经非常小,说明河道整治工程在限制河道弯曲发展方面作用是非常明显的。

1.2.5　高村至陶城铺河段河道整治规划

过渡型河段的河道整治主要是以防洪为主要目的,并兼顾工农业发展需求,满足沿程引水,稳定溜势。同时,河道稳定也是滩区人民生活的基本保证。

黄河下游河道规划提出较早,黄河水利委员会 1955 年在《整治黄河下游河道的初步意见》中提出了三种河道整治方式:①以修防防汛的办法,结合护滩、堵串沟,逐渐改善河槽,加强堤防的安全,达到不决口的目的。②整治的目的仍以达到不决口为主,同时使河槽达到比较稳定,为了防止顶冲塌岸的发生和(达到)比较稳定的主槽。③结合航运,固定河槽。第 1 种是被动的方式,而第 3 种着眼于航运,且把泥沙全部输送入海,是不现实的,也是难以达到的。第 2 种考虑到河道整治的长期性。这些都为以后的河道整治规划打下了基础。

1958 年,黄河水利委员会编制了《黄河下游综合治理初步规划意见》,认为"应以'河道阶梯优'作为今后下游河道整治基本方针。根据这个方针,下游河道采用分段壅水引水的方式……布置岗李、东坝头、刘庄、位山、涿口和王旺庄六级壅水枢纽就可以达到黄河两岸华北平原可灌土地约 1.5 亿亩的引水……"

1959 年 2 月,黄河水利委员会编制了《黄河下游河道整治方案报告》。该报告提出三个方案:第一方案为修建 6 座水利枢纽;第二方案为修建 9 座水利枢纽;第三方案为修建15 座水利枢纽,该方案是相邻枢纽首尾相接,消灭自由段,全部阶梯化。对于第一、第二方案中,两枢纽间的治导规划是按治导线布设工程。整治后的河岸线是按照弯曲型河道规划的。"治导线主要参考本河流典型河湾稳定条件的断面设计"。选择本河段伟那里及陶城铺以下的土城子、王旺庄、刘家园和刘家春等河湾作为模范河段,参考模范河段的河相数据,采用的直河段河宽(B)、直线段长度(d)、河湾半径(R)及河湾中心角(φ)之间的关系为 $R=(4\sim8)B,d=(1\sim2)B,\varphi$ 采用角度为 70° 左右。高村至彭楼河段直河段宽度为 750 m,彭楼以下采用 650 m。

1972 年,黄河水利委员会召开了黄河下游河道整治会议,会上通过了《黄河下游河道整治近期规划》,整治采用的标准为:①整治流量为 5 000 m³/s,主要参考当时平滩流量。②整治河宽指稳定流路单一后的河面宽。③平面布置,采用"上平、下缓、中间陡"的形式,即 $R=(3\sim5)B,L=(1\sim3)B$。④控导工程的坝顶高程采用当地 5 000 m³/s 的水位加超高 1 m 确定(陶城铺以上河段)。

1986 年,黄河水利委员会按照审查意见编制了《黄河下游第四期堤防加固河道整治设计任务书》。在河道整治中选用的主要参数为:①整治流量为 5 000 m³/s。②整治河宽东坝头以上为 1 200 m,东坝头至高村为 1 000 m,高村至陶城铺为 800 m,孙口以下河段为 600 m,排洪河槽宽度不小于 2 500~3 000 m。③河湾要素:$R=(2\sim5)B,d=(1\sim3)B$;河湾弯曲幅度 $P=(2\sim4)B$;河湾中心角 φ 与弯曲半径的关系为 $R=3\,100/\varphi^{2.2}$。④控导工程的坝顶陶城铺以下与当地滩面平,陶城铺以上为当年当地 5 000 m³/s 流量相应水位加超高 1 m 确定。

1993 年,黄河水利委员会上报水利部的《黄河下游防洪工程近期建设可行性研究报告》中提出"微弯型整治方案"整治参数主要为:①整治流量仍采用 5 000 m³/s。②整治河宽高村至孙口为 800 m,孙口以下为 600 m。③河湾要素:$R = (2 \sim 5)B$, $d = (2 \sim 4)B$;$P = (2 \sim 4)B$;河湾中心角 φ 与弯曲半径的关系为 $\varphi = (3\ 100/R)^{2.2}$。④控导工程的坝顶采用当年当地 5 000 m³/s 流量相应水位加高 1 m 确定(高村至陶城铺河段)。

1999 年,黄河水利委员会编制了《黄河防洪规划》,关于高村至陶城铺部分的河道整治,仅整治流量由 5 000 m³/s 改为 4 000 m³/s,坝顶高程改为当地 4 000 m³/s 流量相应水位加超高 1 m 确定。

1.2.6　其他研究成果

对于冲积性河流河道形态的研究,经验关系式方面研究成果也较多。例如对于黄河下游河道断面形态近些年的研究,多集中在建库前后河道横断面形态的响应方面。胡春宏等(2006)通过对 1950~2003 年黄河下游实测资料的分析,研究了不同水沙过程下河床横断面形态的变化过程及其与水量的响应关系。其中包括:

$$A_{平} = 0.028\ 3W_{平}^2 - 12.813W_{平} + 4\ 271.4 \tag{1-22}$$

$$A_{平} = 3 \times 10^{-6}Q_m^2 + 0.112Q_m + 2\ 790.6 \qquad W_{汛5年} < 250\ 亿\ m^3$$

$$A_{平} = -1 \times 10^{-5}Q_m^2 + 1.378Q_m + 867.7 \qquad W_{汛5年} > 250\ 亿\ m^3$$

$$\sqrt{\frac{B}{H}} = -10\ 604\left(\frac{S}{Q}\right)^2 + 1\ 042.7\left(\frac{S}{Q}\right) + 19.094 \tag{1-23}$$

式中:$A_{平}$ 为花园口断面平滩面积;Q_m 为洪峰流量;$W_{平}$ 为年来水量;$W_{汛5年}$ 为汛期来水量连续 5 年滑动平均值;S/Q 为来沙系数,即表明平滩面积随当年水量和当年洪峰流量的增加而增大,宽深比随着来沙系数的增大而减小。

后来,众多研究者发现河道形态与水沙之间存在着滞后响应问题,即当年的断面形态与往年的水沙条件相关性较好(刘月兰等,2004;林秀芝等,2005;冯普林等,2005;陈建国,2006;张敏等,2006,2007;胡春宏,2009)。建立了类似河槽横断面形态指标与进口断面水沙特征之间的关系:

$$A_N = \alpha Q_{多年平均值}^b S_{多年平均值}^c \tag{1-24}$$

式中:A_N 为第 N 年末的河槽形态,包括面积 A,平滩河宽 B,平滩水深 H 和河相关系 $\zeta = \sqrt{B/H}$。其中 Q 有选用前 3~5 年多年平均,或者是考虑不同年份比重不同,当年占比例大,前几年占比例较小。

在此研究基础上,吴保生等(2007,2008a,2008b)提出了河道平滩流量的滞后相应模型,认为河道断面调整速率与其当前状态和平衡态的差值成正比,引入如下假设:

$$\frac{dQ_b}{dt} = \beta(Q_e - Q_b) \tag{1-25}$$

式中:Q_b 为当前平滩流量;Q_e 为平衡态的平滩流量;β 为待定系数,β 越大则断面调整速率越快。

李凌云(2010)将滞后响应模型应用在黄河河套地区及黄河下游,除了考虑下游侵蚀基准面的影响,还对比了不同地区的滞后响应时间不同,模型的率定参数 β 有较大的差异。之后,任健(2014)利用 HHT 方法将水沙变化与河床调整的多尺度周期调整分离出来,求得各周期成分的波动表达式并对其进行了预测,再将各周期成分的预测值叠加就得到了水沙变化与河床调整的预测值。夏军强等(Xia,2014)对黄河下游 1999~2012 年清水冲刷条件下,建立了三个典型河段加权平均河道横断面形态与前 4 年滑动平均的水沙关系式,相关系数为 0.92~0.96。

1.2.7 存在问题

以上研究成果对于黄河下游河道河势调整规律研究较多,且有很多成果为过渡型河段河道的治理开发提供了技术指导及支撑,同时也推动了科学发展。但尚存在以下不足:

(1)小浪底水库运用以来黄河菏泽河段(夹河滩至孙口河段)河势调整机制未得到清晰认识。

在小浪底水库运用后,进入下游河道水沙条件发生了巨大变化,尤其是来沙急剧减少。除调水调沙外,长年基本是清水小水下泄。黄河下游河道由淤积抬升转为冲刷下切。在新的水沙条件下,黄河下游菏泽河段的河道河势调整出现了一些新的变化。河势上提、下挫幅度,工程靠溜长度及部位,送溜长度等,均需详细分析。工程对河势调整的适应性降低。跨河建筑物增多影响了河道整治效果。因此,错综复杂的影响因素下,长期清水小水条件下菏泽河段河势调整机制仍未得到清晰认识。

(2)长期小水河势与河道整治工程适应性差,如何完善河道整治工程?

长期小水情况下,菏泽河段河势与工程适应性差,对河势的控制能力减弱。总体来说菏泽河段小水河势目前表现为三种情况:

①弯曲河段,水流出工程下首后送溜长度减小,导致其下游工程迎溜位置明显上提,并进而影响到对其下游控导工程的送流效果如霍寨险工和苏泗庄险工。还有部分工程由于靠溜位置或出流方向改变,致使其下游工程主流线持续下挫,如老君堂、榆林和青庄工程。

②顺直长河段,上游工程靠溜位置发生变化,导致顺直河段偏离治导线,引起局部坐小湾情况,滩地塌滩,威胁两岸村庄安全及引水保障,如堡城—青庄、刘庄—连山寺和彭楼—李桥河段。

③个别工程平面布局不合理,影响其下游整体河势调整。例如高村险工,属于外凸型布局,着溜位置不同,则对其下游河势影响较大。苏泗庄上延工程,弯道中心角太小,致使苏泗庄险工挑流至尹庄控导工程长丁坝,龙长治河势开始下挫。

对于以上小水河势出现的问题,整治工程该如何完善,是河道整治的关键问题。调整一处工程,可能对以下各处的工程的迎送溜情况均会有影响。工程调整后的综合影响如何应有所考虑。

(3)菏泽河段浮桥众多,浮桥的位置一般在河道最窄的比较稳定的河段。

浮桥的路基深入河中,其阻水作用较强,对河势的影响较大。浮桥的修建影响整个河段的工程布局效果。因此,浮桥对河势的影响应加强分析,提出适宜解决方案。

1.3　研究内容与方法

1.3.1　研究目标

本书以揭示黄河下游河道形态自动调整机制为主要目的,基于 GIS 的空间分析方法,利用历史河势演变和已有物理模型试验资料,针对黄河下游陶城铺以上河段稳定河势、防洪和供水安全等方面存在的主要问题,结合对未来水沙和洪水条件变化趋势(长期小水清水)的分析,研究小浪底水库运用以来黄河下游菏泽河段河势调整特点,并分析现有河势与规划治导线之间的显著差异。以黄河流域的水文资料、黄河下游主流线图、河道变迁图、航片以及遥感影像等资料为基础。首先,利用基于变分分析方法的河流平衡理论,确定黄河下游河道不同时期的平衡河道形态,并以平衡河道形态与实际河道形态之间的比值作为河道不平衡程度的指标,即不平衡程度参数,评估不同时期不平衡发展程度;其次,分析河道不平衡发展程度与河道平面形态特征变化之间的关系;最后,从河流功率变化及河流所处能态角度,分析黄河下游游荡型河道调整的机制,以保障防洪安全为主要目标,同时稳定小水河势和兼顾引水保证率,提出可行的、适应未来水沙变化趋势的现有工程布局调整和补充完善方案。

本项目即揭示山东黄河菏泽河段河势大幅度上提或下挫、心滩增多的原因及机制。预测持续小流量低含沙量水流条件下,未来黄河菏泽河段河势演变趋势。

1.3.2　研究内容

(1)黄河下游典型洪水对黄河下游河道冲淤和滩槽型态变化的影响。

黄河下游长期处于淤积抬升的态势,漫滩洪水对河道冲淤演变及河道形态的发展有着重大影响。该部分即对黄河下游典型的漫滩洪水进行重新分类,并对影响滩槽冲淤的多因子进行分析,建立大小漫滩洪水滩槽冲淤的关系式,揭示漫滩洪水淤滩刷槽的特征并揭示漫滩洪水对黄河下游的复杂河漫滩发育特征"二级悬河"的影响。

(2)黄河下游不平衡程度研究。

根据河流平衡理论及其相应的变分分析方法,联解水流连续方程、阻力方程和输沙率方程,求解平衡河道形态。在此基础上,分析黄河下游不同时期,河道偏离平衡的程度,即河道不平衡程度。

(3)黄河下游河道形态调整机制研究。

首先,分析黄河下游河道近 60 年来河流功率变化,并与世界上其他河流的河流功率进行对比,明确黄河下游的能态特征。其次,分析黄河下游河相关系系数与河流功率和来沙条件之间的关系,阐明河相关系调整机制。最后,分析河道横断面和平面形态变化规律,建立河道不同时期所处的能态与河道平面形态特征之间的关系,揭示黄河下游河道形态调整的机制。

(4)小浪底水库运用以来山东黄河菏泽段河势演变特点。

首先,分析小浪底运用以来,年、汛期及洪水过程水沙变化特点,并分析其在黄河下游在小浪底水库转入正常运用期(75.5 亿 m³ 拦沙库容淤满)前的水沙演变趋势。其次,分析近期小浪底水库运用以来山东黄河菏泽段河道主流线摆动幅度、河湾半径、弯曲系数和心滩等的变化特征,并分析目前河势主流线与规划治导线的差异。最后,分析山东黄河菏泽河段河势上提下挫、坍塌坐湾、送溜长度、脱河情况等河势演变特点,重点分析近几年新修工程对近期河势的控导效果。

(5)山东黄河菏泽段河势演变关键影响因子及调整机制研究。

结合大量已有研究成果,利用研究河段丰富的河势观测资料,分析山东黄河菏泽河段河道主流靠溜部位、靠溜长度、送溜长度与流量和含沙量,以及控导工程等边界条件之间的变化规律,揭示影响本河段河势演变的主导影响因子,分析小浪底水库运用以来山东黄河菏泽河段部分河段河势上提下挫、局部坐湾、心滩增多的原因。根据已有概化模型试验资料和实测资料,从河道动力(流量、比降)条件与边界约束能力对比分析的角度,兼顾"长期清水小水易于导致河势上提或下挫"等现象,结合河道整治工程布局以及浮桥的修建等,分类揭示小浪底水库运用以来,山东黄河菏泽河段小水河势变化的机制。

(6)山东黄河菏泽河段河势演变趋势及治理研究。

基于以上实测资料和物理模型试验研究,分析预测未来持续小水清水条件下,山东黄河菏泽段河势调整趋势。以"堡城—青庄—高村""刘庄—连山寺—苏泗庄""营房—彭楼—老宅庄—刑庙"这几个河段为重点,同时兼顾典型工程河势上提或下挫等现象,综合分析现有控导工程关键技术参数对未来水沙情势的适应程度、存在的问题。以"上延或下续现有工程,增加迎溜段长度""调整导溜段弯曲半径"等为主要手段,提出对现有控导工程布置的完善方案,以确保防洪安全为前提,进一步稳定流路和保障引水安全。

1.3.3 研究方法与技术路线

本研究主要采用变分分析法确定黄河下游河道平衡的河道形态,并基于 GIS 和遥感影像资料,以及黄河下游河道河势演变图集,分析黄河下游平面形态演变规律,并分析河道所处能态与河道形态之间的关系,揭示黄河下游河道形态自动调整机制。具体技术路线如 1-5 所示。

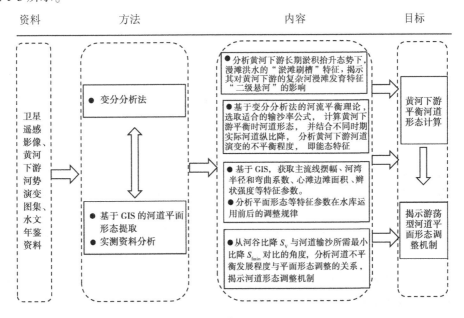

图 1-5 技术路线

第2章　研究区域概况

2.1　河道概况

　　黄河在小浪底水库下游的孟津县白鹤段由山区进入平原,经华北平原,于山东垦利县注入渤海,河长878 km(见图2-1)。黄河下游流域面积仅2.3万 km²,占全流域面积的3%。黄河潼关站多年平均(1950~2005年)径流量349.9亿 m³,多年平均输沙量11.1亿 t,平均含沙量31.7 kg/m³(泥沙公报,2009),其输沙量、含沙量均为世界之最,是一条举世闻名的多沙河流。黄河下游"水少沙多",使河床年均抬高0.005~0.1 m,现河床已高出堤外3~5 m,部分河段达10 m以上,并且仍在继续淤积,下游已成为"地上悬河"(黄河水利委员会水利科学研究院,1998)。

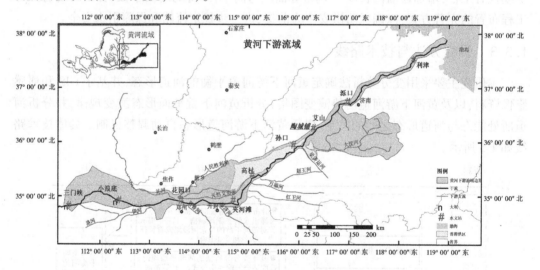

图2-1　黄河下游河道平面示意图

　　黄河下游河道具有上宽下窄、上陡下缓、平面摆动大、纵向冲淤剧烈等特点。按其特性可分为三种不同类型的河道(赵文林,1996):游荡型河段、过渡型河段和弯曲型河段。

　　游荡型河段,白鹤至高村河段河长299 km。郑州京广铁路桥以上,南岸为邙山黄土丘陵,高出河面100~150 m,在巩县有洛河、在荥阳有汜水注入。北岸为黄土低崖,称为清风岭。温县以上一般高出河面10~40 m,温县以下有沁河汇入,沁河两侧修建有堤防,京广铁路线以下均有堤防。该河段两岸堤距5~20 km,平均8.9 km,河宽水散,冲淤幅度大,沙洲出没无常,主流摆动频繁。河段平均主槽一般为1 000~2 600 m,比降为1.72‰~2.65‰,宽深比($\sqrt{B/h}$)一般在15~53,河道相当宽浅,为典型的游荡型河段。但在小浪底水库运用之后,河道冲刷下切,宽深比减小为 10 左右。

　　过渡型河段,从高村至阳谷陶城铺河道长 165 km。该河段两岸堤距 0.5~8.9 km,平均 4.4 km。左岸在长垣县有天然文岩渠汇入,台前县有金堤河汇入。河道两岸修建了众多控导工程,河槽大多靠南岸,水流基本归为一股,已有明显主槽。但由于约束不严,河槽的平面变形还比较大,在修建控导工程之前,滩岸坍塌较快。河段平均主槽一般宽为 500~1 200 m,平均比降为 1.0‰~1.56‰,宽深比($\sqrt{B}/h$)一般为 7~14,小浪底水库运用后,减小为 7 左右。

　　弯曲型河段,从陶城铺至前左河段,河道长 322 km。陶城铺以下除南岸东平湖至济南宋庄为山岭外,其余均束缚于堤防之间。堤距宽 0.4~6.9 km,平均 2.6 km。右岸有汶河及玉符河汇入。由于堤距窄且两岸整治工程控制较严,河槽比较稳定,河道比降为 0.7‰~1.2‰,河段平均主槽河宽为 400~600 m,宽深比($\sqrt{B}/h$)一般为 3~6,断面较为窄深。

　　近年来,随着国家经济的快速增长,黄河两岸的工农业用水不断增加,为满足人们对日益增长的水资源需求,黄河干支流上修建水库的数量与日俱增。截至 2000 年,黄河流域共修建大中小型水库的数量达到 3 100 座,总库容达到 700 亿 m³,大于黄河多年平均年径流量 341 亿 m³。这些水库中有 13 座主要的大型水库位于黄河上中游,总库容达 564 亿 m³。这 13 座水库中有 3 座大型的水库,分别是龙羊峡水库、三门峡水库和小浪底水库,它们的调节运用对黄河干流的径流和泥沙起到控制性作用(Wang et al. , 2006)。

　　龙羊峡水库是黄河上游调蓄能力最强的水库,位于青海共和县境内,于 1986 年开始运用,其总库容 247 亿 m³,调节库容 194 亿 m³,是一座具有多年调节性能的大型综合利用枢纽工程。从龙羊峡水库开始运用起,黄河中下游的径流过程发生了明显的变化。三门峡水库位于黄河中游的末端,总库容 97.5 亿 m³,1960 年 9 月开始蓄水,控制流域面积达 68.84 万 km²,占整个黄河流域面积的 92%。它控制着进入黄河下游 98% 的径流和 98% 的泥沙(吴保生等,2007),具有重要的地位。小浪底水库位于三门峡大坝下游 128.4 km 处,是黄河干流出峡谷之前最后一座大坝,总库容 126.5 亿 m³。小浪底水库于 2000 年投入使用,在控制进入黄河下游径流和泥沙方面小浪底水库起着重要的作用。

　　菏泽黄河现行河道是 1855 年河南省兰考铜瓦厢决口改道后形成的。流经菏泽市东明、牡丹、鄄城、郓城 4 县(区)16 个乡(镇),河道长 185 km。河道特点是上宽下窄,比降上陡下缓,排洪能力上大下小(见图 2-2)。自菏泽市上界(东明娄寨村,王夹堤工程)至高村水位站长 66 km,属宽、浅、散、乱的游荡型河段,两岸堤距最宽约 20 km ,位于东明兰考黄河交界处,右岸大堤桩号 156+100;最窄约 5 km,位于东明高村,相应黄河右岸大堤桩号 207+900。该河段设计排洪能力约为 20 000 m³/s,河道纵比降约为 1/6 000。高村至菏泽市黄河下界(郓城仲潭村,伟庄工程)河道长 119 km,属过渡型河段,堤距最宽 9 km,位于郓城黄河 288+000 处;堤距最窄 4 km,位于鄄城黄河 254+100 处,设计排洪能力约小于 20 000 m³/s,纵比降约为 1/8 000。菏泽黄河河道基本特征统计见表 2-1。

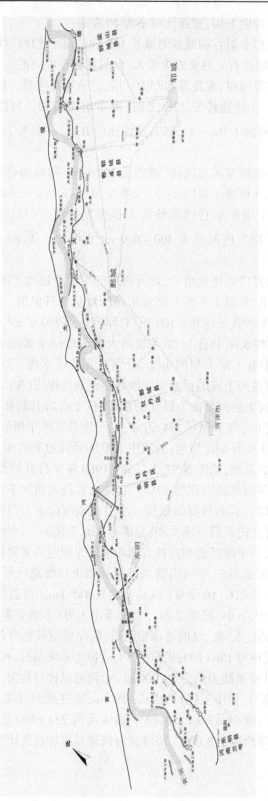

图 2-2　菏泽河段河道示意图

表 2-1　菏泽黄河河道基本特征统计

河段	长度/km	堤距/km	纵比降	设计排洪能力/(m³/s)	河道特性
上界—高村	66	5～23.1	1/6 000	20 000	游荡型河段
高村—下界	119	4～9	1/8 000	<20 000	过渡型河段

高村以上的游荡型河段,河床质为粗沙,不耐水流冲蚀,遇水即坍塌,自然状态下,常出现宽浅河槽,水流被河心滩分割成多股。由于上游来水、来沙条件的变化或某一流量级持续时间较长,主溜方向改变,影响其以下弯道主溜多变,河势上提下挫、左右摆动频繁出现。河心滩的形成发育,对溜势影响很大,或分散溜势,或改变溜向,或在消长过程中形成横河、斜河。

高村以下是由游荡型向弯曲型转变的过渡型河段,有的河段主槽明显,河势较为稳定,而有些河段也像游荡型河段那样,主流线变化摆动频繁。过渡型河段较游荡型河段堤距变小,为防洪安全和保护滩区人民的生活生产环境,在历史上因抢险而形成的诸多险工基础上,中华人民共和国成立后逐渐修建了许多控导工程,加强了对水流的约束,限制了河床横向变化。这些人工修建的工程,改善了河流的边界条件,对河势起着制约作用。但是影响河势变化的因素极其复杂,有时是因为本河段的因素形成,有时是由于上游河势影响形成。

2.2　工程概况

2.2.1　堤防工程

菏泽市黄河现有各类堤防总长度 268.337 km,其中设防大堤 155.902 km,不设防大堤 100.185 km。设防大堤指临黄堤,不设防大堤包括南金堤 70.88 km 和其他堤防 41.215 km。

菏泽市临黄大堤位于黄河右岸,上界桩号 156+050,下界桩号 313+075,已全部达到 2000 年洪水位设防标准,并在堤顶铺设了 6 m 宽的柏油路面。大堤纵比降 1/7 800,顶宽 9～12 m,临背河堤坡 1:3,临背河地面平均高差 3～5 m。已对大堤全线进行加固,除 5 段 9 950 m 因不具备放淤固堤施工条件修筑截渗墙外,其余堤段均实施了放淤固堤,淤背区堤宽 80～100 m。为便于防汛和方便群众生产生活,菏泽市黄河大堤临背河共修筑上堤路口 338 处。临河堤脚外种植了防浪林,高村(207+000)以上防浪林宽 50 m,以下防浪林宽 30 m。全线长度 107.94 km,面积 5 847.41 亩❶。菏泽市局堤防工程统计见表 2-2。

2.2.1.1　东明县堤防

东明县所辖堤防从 1950～2005 年进行了四期大修堤和标准化堤防建设,历经 25 年,

---

❶　1 亩≈666.67 m²。

共计完成土方 5 913 万 m³;修成临黄大堤高程 66.62~75.41 m(黄海),标准断面堤顶宽 12 m,临背堤坡为 1:3。

表 2-2　菏泽市局堤防工程统计

堤防名称	县(区)	长度/km	起止桩号		堤项宽/m
			起点	终点	
临黄大堤	东明县	61.135	156+050	217+968	12
	牡丹区	14.558	217+968	232+861	9~12
	鄄城县	52.139	232+861	285+000	9~12
	郓城县	28.075	285+000	313+075	9~12
合计		155.907	156+050	313+075	

2.2.1.2　牡丹区堤防

牡丹区所辖堤防从 1950~2009 年进行了四期大修堤和标准化堤防建设,历经 36 年,共计完成土方 1 509 万 m³;修成临黄大堤高程 65.08~66.62 m(黄海),标准断面堤顶宽 9~12 m,临背堤坡为 1:3。

2.2.1.3　鄄城县堤防

鄄城县所辖堤防从 1950~2009 年进行了四期大修堤和标准化堤防建设,历经 44 年,共计完成土方 4 286 万 m³;修成临黄大堤高程 58.32~64.88 m(黄海),堤顶宽:平工段 9~12 m、险工段 11~12 m,临背堤坡为 1:3。

2.2.1.4　郓城县堤防

郓城县所辖堤防从 1946~2009 年进行了四期大修堤和标准化堤防建设,历经 23 年,共计完成土方 1 838 万 m³;修成临黄大堤高程 55.38~58.53 m(黄海),堤顶宽:平工段 9~12 m、险工段 11 m,临背堤坡为 1:3。

2.2.2　险工和控导

2.2.2.1　险工

菏泽黄河共有险工 11 处,坝垛 321 段(其中坝 266 道,垛 24 个,护岸 31 段),工程长 34.733 km,裹护长 31.26 km。其中,东明县 4 处,分别是黄寨险工、霍寨险工、堡城险工和高村险工;牡丹区 1 处,为刘庄险工;鄄城县 3 处,分别是苏泗庄险工、营房险工和桑庄险工;郓城县 3 处,分别是苏阁险工、杨集险工和伟庄险工,详情见表 2-3。

1. 黄寨险工

东明县黄寨险工位于吴庄至黄寨之间,相应大堤桩号 183+207~187+607 处,工程长度 4 410 m,裹护长度 2 009 m,共有坝 33 道,均为乱石结构。

该险工始建于 1955 年 8 月,2005 年按照标准化堤防建设标准对该工程进行了加高改建,其设计标准按照当地 2000 年设防水位,坝顶高程超高 2 m。

2. 霍寨险工

东明县霍寨险工始建于 1890 年,位于沙窝乡霍寨,相应大堤桩号 187 + 607 ~

190+000 处,工程长度 2 393 m,裹护长度 1 333 m,共有坝 19 道,均为乱石结构。

2005 年按照标准化堤防建设标准对该工程进行了加高改建,其设计标准按照当地 2000 年设防水位,坝顶高程超高 2 m。

表 2-3　菏泽市局险工工程统计

县(区)	工程名称	兴建年	工程长度/ m	工程数量			
				坝/道	垛/个	护岸/段	小计
东明县	黄寨	1955	4 410	33			33
	霍寨	1890	2 393	19			19
	堡城	1958	3 350	21	3		24
	高村	1881	3 000	17	14	10	41
牡丹区	刘庄	1898	4 770	40		16	56
鄄城县	苏泗庄	1926	1 900	15	1		16
	营房	1961	3 348	34			34
	桑庄	1964	1 935	20			20
郓城县	苏阁	1932	2 950	25		1	26
	杨集	1936	3 550	23		4	27
	伟庄	1951	3 127	19	6		25
合计			34 733	266	24	31	321

3. 堡城险工

东明县堡城险工位于沙窝乡堡城村,相应大堤桩号 190+000～193+350 处,工程长度 3 350 m,裹护长度 2 422 m,共有坝垛 24 道(坝 21 道、垛 3 个),均为乱石结构。

该险工始建于 1958 年。2005 年按照标准化堤防建设标准对该工程进行了加高改建,其设计标准为当地 2000 年设防水位,坝顶高程超高 2 m。

4. 高村险工

东明县高村险工位于菜园集乡高村,相应大堤桩号 206+000～209+000 处,工程长度 3 000 m,裹护长度 2 689 m,共有坝垛 41 段(坝 17 道、护岸 10 段、垛 14 个),其中砌石坝 16 道、乱石坝 25 道。

该险工始建于 1881 年。2005 年按照标准化堤防建设标准对该工程 9#～38# 坝进行了加高改建,其设计标准按照当地 2000 年设防水位,坝顶高程超高 2 m。高村险工是菏泽市重要的河道整治工程,汛期,高村险工因紧靠大溜,出险频繁,防洪任务十分艰巨。

5. 刘庄险工

牡丹区刘庄险工位于李村镇油楼村北,相应大堤桩号 218+850～223+350 处,工程长度 4 770 m,裹护长度 4 193 m,共有坝垛 56 段(坝 40 道、护岸 16 段),其中扣石坝 11 道、乱石坝 45 道。

该险工始建于 1898 年。2006～2007 年,除上首 1#～7# 坝(护岸)长期脱河失修,8# 坝、

9#坝和17#坝因建闸废除外,其余坝垛均按2000年设防标准进行了加高改建。

6. 苏泗庄险工

鄄城县苏泗庄险工位于临濮镇,相应大堤桩号239+400～241+300处,工程长度1 900 m,裹护长度1 639 m,共有16道坝垛(坝15道、垛1个),其中砌石坝5道、乱石坝11道。

该险工始建于1926年,原名江苏坝险工。2000～2002年对16道坝全部加高改建,现存坝号为24#～27#、29#～40#,全部达到2000年设防标准。

工程存在的主要问题:由于该工程常年靠河,河势溜向不断变化。中小洪水极易漫滩,加之退水无出路,水偎堤坝,水位壅高,只有冲断上延工程连坝退水,可能出现各种险情,历年汛期抢险不断。

7. 营坊险工

鄄城县营坊险工位于董口镇,相应大堤桩号247+050～250+750处,工程长度3 348 m,裹护长度3 019 m,共有坝34道,其中乱石坝31道、砌石坝3道。

该险工始建于1961年。2002年对12#～18#、22#～36#坝加高改建,全部达到2000年设防标准。

8. 桑庄险工

鄄城县桑庄险工位于旧城镇,相应大堤桩号265+000～267+250处,工程长度1 935 m,裹护长度2 667 m,共有坝20道,坝身结构为乱石坝。

该险工始建于1964年。因工程未进行加高改建,整处险工坝顶偏低,未达到2000年设防标准。

工程存在的主要问题:该工程在大水时,只有20#坝靠河,2006年以来,河势左移,导致左岸滩岸坍塌,生产堤偎水。加之,此段河面较窄,由于受旧城浮桥的影响,极易导致水位壅高和卡冰。洪水漫滩后,直接威胁堤防安全。

9. 苏阁险工

郓城县苏阁险工位于李集乡苏阁村,相应黄堤桩号289+400～292+350处,工程长度2 950 m,裹护长度2 351 m,共有坝垛26段(坝25段、护岸1段),其中扣石坝1道、乱石坝23道、土坝基2道。

苏阁险工始建于1932年。苏阁险工建成后,分别在1951～1958年、1964～1969年、1979～1982年进行过3次帮宽加高,使之达到了1983年设防标准,形成了目前的苏阁险工。

工程存在的主要问题:工程标准低,老化严重,由于近年来河势下滑,加之多年未遇大洪水,部分坝垛根石得不到加固,遇大溜冲刷极易出险。

10. 杨集险工

郓城县杨集险工位于李集乡杨集村,相应黄堤桩号299+750～303+300处,工程长度3 550 m,裹护长度2 351 m,共有坝垛27段(坝23道、护岸4段),其中,乱石坝24道、扣石坝1道、土坝基3道。

杨集险工始建于1936年,是中华人民共和国成立前的老险工。杨集险工自建成后,分别在1952～1959年、1964～1969年、1979～1983年进行了3次大规模帮宽加高,达到了1983年设防标准。1992年因修建杨集闸拆除6-1护岸,形成目前杨集险工。

工程存在的主要问题:部分坝垛由于多年未遇大洪水,根石得不到加固,遇大溜冲刷时,极易出险。

　　11. 伟庄险工

　　郓城县伟庄险工位于黄集乡伟庄村,相应黄堤桩号 309+323～312+450 处,工程长度 3 127 m,裹护长度 3 296 m,共有坝垛 25 道(坝 19 道、垛 6 个),其中乱石坝 24 道、扣石坝 1 道。

　　伟庄险工始建于 1951 年,是中华人民共和国成立后的新险工。2000 年对 1#、3#、5#、7#、8#、9#垛按 2000 年设防标准进行加高改建。

　　工程存在的主要问题:1#～15#坝,工程老化严重,部分坝垛由于多年未遇大洪水,根石得不到加固,遇大洪水极易出险;1#、3#、5#、7#、8#、9#垛是新修工程,根基薄弱,尚为控导标准,中常洪水也会出现大险情,一旦遇到大洪水,防洪形势十分严峻。

2.2.2.2　控导工程

　　菏泽市黄河共有控导护滩工程 18 处,坝垛 382 段(其中坝 358 道、垛 18 个、护岸 6 段),工程长度为 39.466 km,裹护长度为 29.45 km。其中东明县 9 处,分别是王夹堤、单寨、马厂、大王寨、王高寨、辛店集、老君堂、高村下延和河道工程;牡丹区 2 处,分别是张闫楼控导和贾庄;鄄城县 6 处,分别是苏泗庄上延、苏泗庄下延、营房下延、老宅庄、芦井和郭集控导工程;郓城县 1 处,为杨集上延控导工程,详情见表 2-4。

表 2-4　菏泽市局控导工程统计

县(区)	工程名称	兴建年份	工程长度/m	工程数量			
				坝	垛	护岸	小计
东明县	王夹堤	1978	1 773	19			19
	单寨	1976	1 240	16			16
	马厂	1968	2 000	21	3		24
	大王寨	1972	1 650	18			18
	王高寨	1969	2 678	24			24
	辛店集	1969	3 123	29			29
	老君堂	1974	3 490	29	2		31
	高村下延	1987	300	3			3
	河道工程	1959	2 400	19	2		21
牡丹区	张闫楼	1967	2 502	32			32
	贾庄	1968	3 640	26	6	4	36
鄄城县	苏泗庄上延	1970	1 429	10			10
	苏泗庄下延	1986	758	6			6
	营房下延		2 720	23			23
	老宅庄	1966	4 692	35		1	36
	芦井	1969	1 603	13			13
	郭集	1969	2 954	22		1	23
郓城县	杨集上延	1996	1 310	13	5		18
合计			39 466	358	18	6	382

1. 王夹堤控导工程

王夹堤控导工程位于东明县黄河南滩内,上与河南省兰考县的蔡集工程相连,相应大堤桩号 156+800~159+700 处,工程长度 1 773 m, 裹护长度 2 017 m,共有坝 19 道,均为乱石结构。

2. 单寨控导工程

单寨护滩控导工程位于东明县黄河南滩内,相应大堤桩号 160+300~161+800 处,工程长度 1 240 m,裹护长度 718 m,共有坝 16 道,均为乱石结构。

3. 马厂控导工程

马厂护滩控导工程位于东明县黄河南滩内,相应大堤桩号 163+500~165+500 处,工程长度 2 000 m,裹护长度 2 099 m,共有坝垛 24 道,其中坝 21 道、垛 3 个,均为乱石结构。

4. 大王寨控导工程

大王寨护滩控导工程位于东明县黄河南滩内,相应大堤桩号 165+500~166+900 处,工程长度 1 650 m,裹护长度 774 m,共有坝 18 道,均为乱石结构。

5. 王高寨控导工程

王高寨护滩控导工程位于东明县黄河南滩内,相应大堤桩号 166+900~170+000 处,工程长度 2 678 m,裹护长度 1 988 m,共有坝 24 道,均为乱石结构。

6. 辛店集控导工程

辛店集控导工程位于东明县黄河南滩内,为河道整治的重要节点工程,相应大堤桩号 170+000~174+100 处,工程长度 3 123 m,裹护长度 2 594 m,共有坝 29 道,均为乱石结构。

7. 老君堂控导工程

老君堂控导工程位于东明县黄河南滩内,为河道整治的重要节点工程,相应大堤桩号 180+100~182+700 处,工程长度 3 490 m,裹护长度 3 044 m,共有坝垛 31 道,其中坝 29 道、垛 2 个,均为乱石结构。

8. 高村下延控导工程

东明县高村下延控导工程位于东明县高村,相应右岸大堤桩号 209+000~209+300 处,工程长度 300 m,裹护长度 388 m,共有坝 3 道,均为乱石结构。

该工程始建于 1987 年,由于高村险工河势下滑,1987 年按照控导标准修做了下延工程,坝号为 39#、40#、41#坝。

9. 河道护滩工程

河道护滩工程位于东明县黄河西滩内,相应大堤桩号 197+850~200+250 处,工程长度 2 400 m,裹护长度 1 538 m,共有坝垛 21 道,其中坝 19 道、垛 2 个。

10. 张闫楼控导工程

牡丹区张闫楼控导工程位于李村镇兰口村北,对应黄堤桩号 227+120~229+500 处,工程长度 2 502 m,裹护长度 1 909 m,共有坝 32 道,均为乱石坝。

11. 贾庄险工

牡丹区贾庄险工位于李村镇贾庄村北,相应大堤桩号 223+400~227+120 处,工程长度 3 640 m,裹护长度 3 288 m。现有坝垛 36 段(坝 26 道、垛 6 个、护岸 4 段),均为乱石坝。

该工程始建 1968 年。2002 年,17#~26#坝坝顶高程按 2000 年 4 000 m³/s 水位加高 1 m 进行改建(控导工程标准)。

12. 苏泗庄上延控导工程

鄄城县苏泗庄上延控导工程位于临濮镇,对应黄堤桩号 238+195~239+400 处,工程长度 1 429 m,裹护长度 844 m,共有坝 10 道。

13. 苏泗庄下延控导工程

鄄城县苏泗庄下延控导工程位于董口镇,对应黄堤桩号 241+300~242+075 处,工程长度 758 m,裹护长度 690 m,共有坝 6 道,均为乱石坝。

该工程始建于 1986 年,坝号为 41#~46#,2002 年全部改建,坝顶高程 60.22~60.30 m,坦石外坡 1:1.5。

14. 营坊下延控导工程

鄄城县营坊下延控导工程(又叫安庄控导工程)位于旧城镇安庄村西,相应大堤桩号 250+750~253+470 处,工程长度 2 720 m,裹护长度 2 514 m,共有坝 23 道,均为乱石坝。

15. 老宅庄(梅庄)控导工程

鄄城县老宅庄(梅庄)控导工程位于旧城镇滩区,相应大堤桩号 261+050~265+000 处,工程长度 4 692 m,裹护长度 3 092 m。共有坝垛 36 段,其中坝 35 道,均为乱石坝;护岸 1 段,长 832 m。

工程存在的主要问题是由于河势上提,工程上首常年靠溜,加之工程修建靠前,经 1#~5#坝送溜入左岸滩地,造成左岸滩岸坍塌。

16. 芦井控导工程

鄄城县芦井控导工程位于左营滩区李进士堂,相应大堤桩号 269+150~270+832 处,工程长度 1 603 m,裹护长度 1 343 m,共有坝 13 道,均为乱石坝。

工程存在的主要问题:一是防汛石料达不到定额要求;二是河势上提,1#坝上首滩地坍塌较快;三是新改建工程未经过大洪水考验;四是通往工程的防汛路只有一条,洪水进滩后,容易截断,抢险料物难以运送到位。

17. 郭集控导工程

鄄城县郭集控导工程位于左营乡滩区,相应大堤桩号 275+000~280+010 处,工程长度 2 954 m,裹护长度 2 522 m。共有坝垛 23 段,其中坝 22 段,均为乱石坝;护岸 1 段,长 240 m。

工程存在的主要问题:一是河势上提下挫,靠溜坝出险概率高,工程下首滩地坍塌较快;二是通往工程道路只有一条防汛路,洪水进滩后,容易截断,抢险料物难以运送到位。

18. 杨集上延控导工程

鄄城县杨集上延控导工程位于杨集险工上首滩地内,工程长度 1 310 m,裹护长度为 1 376 m,共有坝垛 18 道,其中坝 13 道、垛 5 个,均为乱石坝。

杨集上延控导工程始建于 1996 年。到 2001 年按规划全部完成,工程建设标准按当年当地大河流量 5 000 m³/s 水位加高 1 m 设计。

工程存在问题:由于该工程系近年新建工程,除 1#、2#坝经过了"96·8"较大洪水的考验外,其余坝垛均是旱地修做,根基相当薄弱,历年调水调沙期间多次出现较大险情。

2.2.3　引黄涵闸

菏泽市共有引黄涵闸 9 座,总设计引水流量 405 m³/s,加大引水流量 680 m³/s;年许可引水量 9.75 亿 m³,设计灌溉面积 470.9 万亩,加大灌溉面积 571.77 万亩。

2.2.3.1　东明县

1. 闫潭引黄闸

闫潭引黄闸位于黄河右岸菏泽市东明县境内,相应大堤桩号 162+070 处,该闸始建于 1971 年,为 12 孔涵洞式结构,改建于 1982 年,该闸为桩基开敞式后接涵洞 6 联 12 孔,闸身总长 63.2 m,共分 4 节。设计引水流量 50 m³/s,加大流量 150 m³/s。设计防洪水位 74.4 m,设计灌溉面积 60 万亩,实际灌溉面积 120 万亩。闫潭引黄闸近 10 年年均引水量为 2.34 亿 m³。

2. 新谢寨引黄闸

新谢寨引黄闸位于黄河右岸菏泽市东明县境内,相应大堤桩号 181+739 处,该闸建于 1990 年 11 月,设计引水流量 50 m³/s,加大流量 150 m³/s。设计防洪水位 69.61 m,设计正常使用年限 30 年。设计灌溉面积 53.4 万亩,实际灌溉面积 80 万亩。新谢寨引黄闸近 10 年年均引水量为 1.93 亿 m³。

3. 老谢寨引黄闸

老谢寨引黄闸位于黄河右岸菏泽市东明县境内,相应大堤桩号 181+790 处,1980 年12 月建成,为钢筋混凝土箱式涵洞,共 3 孔,孔口尺寸高 2.8 m、宽 2.6 m,闸底板高程 60.97 m(黄海高程,下同)。设计防洪水位 68.57 m,闸室总长 10.6 m,设计引水流量 30 m³/s,加大流量 50 m³/s。设计灌溉面积 36.6 万亩,加大灌溉面积 50 万亩,实际灌溉面积 40 万亩。闸前有引水渠 1 015 m,与防沙闸连接,闸后 103 m 处建有分水闸工程。老谢寨引黄闸近 10 年年均引水量为 0.42 亿 m³。

4. 高村引黄闸

高村引黄闸位于黄堤右岸菏泽市东明县境内,相应大堤桩号 207+337 m 处,建于1991 年,设计引水流量 15 m³/s,加大流量 25 m³/s。设计防洪水位 66.67 m,设计正常使用年限 30 年。设计灌溉面积 14.8 万亩,实际灌溉面积 8 万亩。高村引黄闸近 10 年年均引水量为 0.18 亿 m³。

2.2.3.2　牡丹区

刘庄引黄闸位于黄河右岸菏泽市牡丹区境内,相应大堤桩号 221+080 处,修建于1979 年,为 3 孔桩基开敞式闸,单孔口净宽 6 m、高 4 m,设计底板高程 55.2 m,设计防洪水位 63.65 m,设计引水流量 80 m³/s,加大流量 150 m³/s。闸室全长 17 m,两岸各有钢筋混凝土岸箱和引桥一孔。刘庄引黄闸设计灌溉面积 96 万亩,实际灌溉面积 80 万亩。刘庄闸近 10 年年均引水量为 1.33 亿 m³。

2.2.3.3　鄄城县

1. 苏泗庄引黄闸

苏泗庄引黄闸位于黄河右岸菏泽市鄄城县境内,相应大堤桩号 240+000 处,建于1978 年 7 月,为钢筋混凝土箱式涵洞,共 6 孔,每 3 孔为一联,共 2 联。设计防洪水位为

62.5 m,校核防洪水位为 63.5 m,设计引水流量 50 m³/s,加大流量为 100 m³/s。设计灌溉面积 50 万亩,实际灌溉面积 80 万亩。苏泗庄引黄闸近 10 年年均引水量为 1.02 亿 m³。

由于该闸紧靠黄河主溜,引水量较大,启闭次数多,造成南 2、4 孔锁定杆弯曲,连接轴磨细,锁定不灵,闸门提起较难。启闭机吊头老化,连接轴偏心,产生振动。6 孔闸侧、底部止水橡皮磨损严重,造成闸门漏水。高压线路、钢丝绳及测流测沙缆绳老化,闸后石护坡沉陷等。

2. 旧城引黄闸

旧城引黄闸位于黄河右岸菏泽市郓城县境内,相应大堤桩号 265+240 处,始建于 1972 年,1986 年 10 月拆除改建,1987 年 9 月竣工后投入运行。设计引水流量 50 m³/s。设计灌溉面积 60 万亩,实际灌溉面积 40 万亩。旧城引黄闸近 10 年年均引水量为 0.2 亿 m³。

由于该闸距黄河主溜较远,引水渠道淤积严重,年年清淤。闸门 2、3、4 孔侧止水橡皮损坏,造成闸门漏水。启闭机房线路老化,机架桥左侧混凝土凸起,钢管栏杆损坏,配电盘压丝锈蚀。发电机损坏,无法修复,目前没有更换;与旧城管理段共用一台变压器,电力供应不足,影响正常运行。

2.2.3.4　郓城县

1. 苏阁引黄闸

苏阁引黄闸位于黄河右岸菏泽市郓城县境内,相应大堤桩号 290+719 处(苏阁险工 10#~11#坝),1983 年 8 月建成。设计防洪水位 56.59 m,设计引水流量 50 m³/s,加大流量 80 m³/s。设计灌溉面积 50.12 万亩,实际灌溉面积 93.77 万亩。苏阁引黄闸近 10 年年均引水量为 0.88 亿 m³。

2. 杨集引黄闸

杨集引黄闸位于黄河右岸菏泽市郓城县境内,相应大堤桩号 300+642 处(杨集险工 6#~7#坝),1992 年 10 月建成。为钢筋混凝土 3 孔箱式涵洞结构,孔口尺寸为高 2.8 m、宽 2.6 m,闸底板高程 44.48 m(黄海高程,下同)。设计防洪水位 55.18 m,设计引水流量 30 m³/s,加大流量 45 m³/s。设计灌溉面积 50 万亩,实际灌溉面积 30 万亩。杨集引黄闸近 10 年年均引水量为 0.26 亿 m³。

目前,杨集引黄闸启闭机传动轴变形,操作时发生振动和响声,直接影响着闸门的启闭操作。

需要特别说明的是,位于三合村—青庄的渠村引黄闸,担任着向雄安新区供水的任务。虽不属于菏泽河务局管,但菏泽河势的调整影响到该闸供水。

2.2.4　跨河建筑物概况

(1)长东黄河大桥。是新菏铁路在菏泽黄河河道上的一座特大桥,有"亚洲第一长铁路大桥"之称,东岸位于山东省东明县沙窝乡杨寨村(对应黄河大堤右岸 193+171 处),西岸位于河南省长垣县赵堤乡赵堤村(对应黄河大堤左岸 35+650 处),长 12 976 m,为当时建设时国家最长的单线铁路桥。

(2)东明黄河公路大桥。位于山东省菏泽市西北(对应大堤桩号 211+850 处),是山东省境内最长的一座公路大桥,被誉为"齐鲁第一桥"。该桥是国道 106 线跨越黄河的特大桥梁,为预应力混凝土连续-钢构公路桥。大桥全长 4 142.14 m,宽 18.5 m,4 车道,横截面为单箱单室,该桥于 1991 年 10 月正式开工修建,1993 年 9 月全桥竣工通车。

(3)德商高速黄河公路大桥。在建的鄄城黄河公路大桥是德商高速公路在菏泽境内横跨黄河的桥梁(对应大堤桩号 272+260 处),为预应力混凝土连续-钢构公路桥,设计大桥全长 5 623 m、宽 28 m。

(4)浮桥。菏泽黄河河道内现有浮桥 11 座,其中东明县 4 座(焦元、辛店集、老君堂和沙窝浮桥)、牡丹区 1 座(油楼浮桥)、鄄城县 3 座(董口、旧城和左营浮桥)、郓城县 3 座(苏阁、李清和伟庄浮桥)。

(5)菏泽黄河穿(跨)堤管线。东明县临黄堤 169+850 处中原石油勘探局埋设的马厂爬堤管线一处;鄄城县黄堤 271+800 处菏泽军分区某部队埋设的通信电缆一道。

2.3　数据资料

本研究所用的水文泥沙数据来源于《黄河流域水文年鉴》《黄河泥沙公报》等。河道河势及平面形态来源于黄河水利委员会组织绘制黄河下游河道地形图(比例尺:1:50 000)、《黄河下游主流线变迁图》(比例尺 1:100 000)、《黄河下游现代河道演变图》(比例尺 1:100 000)和历年黄河下游河势观测资料,以及航片、遥感影像资料。其中,遥感卫片主要来自 USGS(United States Geological Survey,http://glovis.usgs.gov/),Level 1T经过系统辐射校正和地面控制点几何校正,并且通过 DEM 数据进行了地形校正,数据产品可靠性高,处理方便(分辨率 30 m)。从中选取 2000~2016 年的 17 期遥感影像数据,利用 Envi 和 ArcGIS 解译并提取河道的平面形态特征。2000 年之前平面形态特征均选用黄河水利委员会组织绘制的黄河下游河道地形图。水文站点地理位置及资料情况见表 2-5。

表 2-5　水文站点地理位置及资料情况

站名	站别	断面地点	坐标		距河口距离/	资料序列
			东经	北纬	km	(年)
小浪底	水文站	河南省济源市坡头乡太山村	112°24′	34°55′	895.9	1991~2016
花园口	水文站	河南省郑州市花园口	113°39′	34°55′	771.9	1960~2016
夹河滩(三)	水文站	河南省开封县刘店乡王明磊村	114°34′	34°54′	677.3	1960~2016
高村(一)	水文站	山东省东明县高村	115°05′	35°23′	587.3	1960~2016
孙口	水文站	山东省梁山县赵固堆乡蔡楼村	115°54′	35°56′	452.8	1965~2016
艾山(一)	水文站	山东省东阿县艾山村	116°18′	36°15′	389.7	1965~2016
泺口(三)	水文站	山东省济南市泺口镇	116°59′	36°44′	281.9	1965~2016
利津(二)	水文站	山东省利津县利津镇刘家夹村	118°18′	37°31′	108.8	1965~2016

第 3 章　黄河下游河道冲淤变化转折点变化分析

多沙河流的冲淤演变,一直是众多学者关注的问题。尤其是黄河下游,以来沙量多为世界著称,其中游荡型河段的演变规律更是错综复杂。长期以来,黄河下游都处于一个淤积抬升的状态,而且由于各种原因,游荡型河段产生了著名的"二级悬河"。但在 2000 年以后,由于小浪底水库的拦沙运用,河道产生了明显的冲刷下切,平滩流量持续增大,河道排洪能力增强。本章首先分析了黄河下游不同时期的水沙变化趋势,以及发生突变的年份及原因;其次分析了小浪底水库运用前后,黄河下游冲淤调整规律,重点对小浪底拦沙运用后河道冲刷沿程分布情况作了详细分析,明确了目前黄河下游河道冲淤转变的特征。

3.1　黄河下游水沙变化趋势分析

3.1.1　研究方法

围绕 20 世纪 60 年代以来黄河水沙的变化特征,众多科研工作者已经开展了大量水沙变异特征分析研究。赵广举等(2013)采用线性趋势法、非参数 Mann-Kendall 趋势检验法、累积距平法及径流历时曲线法分析了皇甫川流域 1955~2010 年水沙变化特征。通过水文分析法定量评价降水和人类活动对水沙变化的贡献率。高鹏等(2010)分析了近 60 年来黄河中游径流、输沙变化趋势以及水沙变化的临界年份,并对其驱动因素进行了探讨分析,得出黄河中游来水量的突变点发生在 1985 年,来沙量突变点在 1981 年。穆兴民等(2007)采用变点分析法、历时曲线法和双累积曲线法分析了河龙区间 1952~2000 年来水来沙变化,结果表明径流量和输沙量分别从 1971 年和 1979 年开始出现明显减少趋势。姚文艺等(2009)研究了在气候变化背景下的黄河流域径流变化趋势,结果表明黄河源区在未来若干年内将可能出现持续增温趋势,而降水量变化幅度相对较小,很可能导致未来水资源的紧张趋势进一步加剧。胡春宏等(2003)对黄河口水沙变异特征、影响黄河口来水来沙的因素及水沙变异造成河口演变新特点等方面进行了深入的研究,提出了对黄河口治理的新认识和新时期黄河口治理的方向。

总结以往的研究工作,对黄河中游的水沙突变分析较多,有关研究结论比较统一。黄河下游受人类活动影响剧烈,水沙变化复杂,目前关于水沙突变相关研究较少,黄河下游来水来沙的变化趋势及特征分析还需进一步研究。具体研究方法如下。

3.1.1.1　非参数 Mann-Kendall 趋势检验法

Mann-Kendall 是基于秩序的非参数方法,由于其不要求所分析数据服从某一概率分布,人为性小、定量化程度高(Mann, 1945; Kendall, 1975),因而受到国际水文组织的认可,广泛应用于气象、地理、水文等非正态时间序列的分析中。Mann-Kendall 趋势检验的结果可以用来确定水文时间序列在统计学上的显著变化趋势。检验统计量由下式给出:

$$S = \sum_{k=1}^{n-1} \left[\sum_{j=k+1}^{n} \text{sgn}(X_j - X_k) \right] \tag{3-1}$$

$$\text{sgn}(X_j - X_k) = \begin{cases} 1 & X_j - X_k > 0 \\ 0 & X_j - X_k = 0 \\ -1 & X_j - X_k < 0 \end{cases} \tag{3-2}$$

式中:sgn 为符号函数;n 为时序数据序列长;X_j 和 X_k 分别为时序数据值。

z 检验的常态统计用下式表达:

$$z = \begin{cases} \dfrac{S - 1}{\sqrt{[\text{var}(S)]}} & S > 0 \\ 0 & S = 0 \\ \dfrac{S + 1}{\sqrt{[\text{var}(S)]}} & S > 0 \end{cases} \tag{3-3}$$

$$\text{var}(S) = \frac{n(n-1)(2n+5)}{18} \tag{3-4}$$

当 z 为正值则表示序列随时间有增加的趋势,z 为负值则为减少的趋势。

3.1.1.2　突变点分析的 Pettitt 方法

Pettitt(1979)非参数检验方法可以在有序数据系列存在趋势性变化前提下,确定其突变点。该方法是通过统计的方法检验时间序列要素均值变化的确切时间,来确定突变的确切时间。该方法基于 Mann-Whitney 的统计量 $U_{t,N}$ 来检验同一个序列分布的两个样本 $x_1, x_2, \cdots, x_t$ 和 $x_{t+1}, \cdots, x_N$。对于连续的序列,$U_{t,N}$ 由下列公式计算:

$$U_{t,N} = U_{t-1,N} + \sum_{j=1}^{N} \text{sgn}(X_t - X_j) \quad (t = 2, \cdots, N) \tag{3-5}$$

$$\text{sgn}(X_t - X_j) = \begin{cases} 1 & X_t - X_j > 0 \\ 0 & X_t - X_j = 0 \\ -1 & X_t - X_j < 0 \end{cases} \tag{3-6}$$

检验统计量计算了第一个样本序列值超过第二个样本序列值的累积值。Pettitt 方法的零假设是不存在变点。其中,统计量 K_N 代表最显著的突变点 t 处所对应 $|U_{t,N}|$ 的最大值,其计算公式及相关概率(P)的显著性检验公式分别为:

$$K_N = \text{Max}_{1 \leqslant t \leqslant N} |U_{t,N}| \tag{3-7}$$

$$P \cong 2\exp\left[-6(K_N)^2 / (N^3 + N^2)\right] \tag{3-8}$$

一般情况下,一个水文站的水文序列可能不止一个水文变点。由于该方法一次仅能识别一个可能的变点,则需要多次使用。根据通过 Pettitt 方法检验找出的一级变点,将原序列一分为二,分别对变异前和变异后的序列进行 Pettitt 检验。若各序列内均没有出现水文变异,则已经找出所有可能存在的水文变点,确定序列分段。若发现序列内还存在变点,则重复上述步骤。

3.1.2　黄河下游水沙变化趋势分析

3.1.2.1　年水量变化

主要针对黄河下游花园口、高村、艾山和利津 4 个水文站进行研究分析。各水文站的实测年水量变化如图 3-1 所示,不同时期来水量特征值如表 3-1 所示。黄河下游花园口水文站多年平均实测来水量 367 亿 m³(1950~2016 年),其中 20 世纪 60 年代水量最大,1968 年以后水量逐渐减小,至 1997 年达到最小,局部河段产生断流。2000 年以后,由于小浪底水库调控,水量基本维持在 250 亿 m³ 左右。其余各水文站规律基本相同。

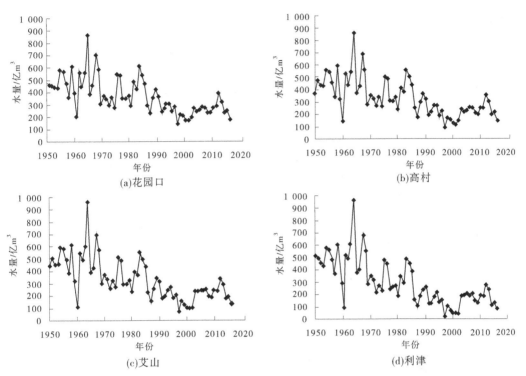

图 3-1　黄河下游典型水文站年水量过程

表 3-1　黄河下游典型水文站实测来水量特征值

时期 (年)	花园口			高村			艾山			利津		
	均值/ 亿 m³	极值比	变差 系数	均值/ 亿 m³	极值比	变差 系数	均值/ 亿 m³	极值比	变差 系数	均值/ 亿 m³	极值比	变差 系数
1950~1960	453	3.0	0.24	437	4.0	0.28	448	5.6	0.31	445	6.5	0.32
1961~1964	607	1.9	0.25	607	1.9	0.26	644	2.0	0.29	650	2.0	0.30
1965~1973	423	2.4	0.31	414	2.5	0.32	405	2.7	0.33	389	3.1	0.36
1974~1985	438	2.2	0.24	406	2.2	0.25	386	2.4	0.26	341	2.6	0.30
1986~1999	277	3.0	0.25	239	3.6	0.29	210	5.0	0.33	151	14.2	0.43
2000~2016	250	2.3	0.22	229	2.8	0.26	208	3.4	0.31	155	6.7	0.44
1950~2016	367	6.1	0.39	344	8.4	0.44	332	13.9	0.50	296	52.3	0.62

注:表中极值比指最大值与最小值之比。

黄河下游各水文站年水量变化趋势分析如表 3-2 所示。综合分析表明：各水文站年水量的 Mann-Kendall 统计量 $|z|$ 均大于 2.32，即统计量 z 大于 0.01 的置信度水平，且统计量 z 为负值，说明随着时间推移，黄河下游各水文站年水量有显著减小趋势。

表 3-2　黄河下游各水文站年水量变化趋势分析

水文站点	Mann-Kendall 检验		线性回归	
	检验统计量 z	显著性水平 α	相关系数 R^2	显著性水平
花园口	-5.70	0.01	0.41	0.01
高村	-5.79	0.01	0.42	0.01
艾山	-5.93	0.01	0.45	0.01
利津	-6.41	0.01	0.51	0.01

3.1.2.2　年沙量变化

黄河下游各站实测沙量过程如图 3-2 所示，各年份沙量特征值如表 3-3 所示，可以看出，花园口多年平均实测年沙量为 8.2 亿 t(1950~2016 年)，其中 20 世纪 50 年代沙量最大，之后逐渐衰减，至 2000 年以后为最小。由于小浪底水库处于拦沙运用初期，除调水调沙期外，其他时间均以清水下泄，因此年沙量最小，该时期年均沙量为 0.9 亿 t。

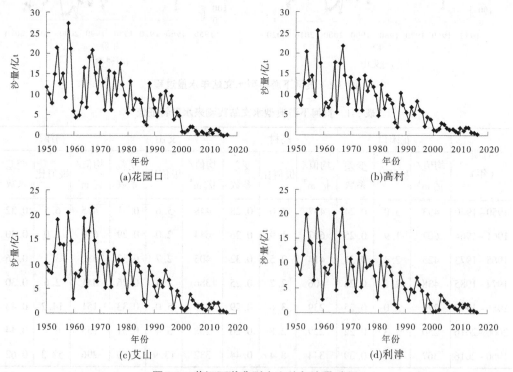

图 3-2　黄河下游典型水文站年沙量过程

表 3-3　黄河下游典型水文站实测来沙量特征值

时期 （年）	花园口			高村			艾山			利津		
	均值/ 亿 t	极值比	变差 系数	均值/ 亿 t	极值比	变差 系数	均值/ 亿 t	极值比	变差 系数	均值/ 亿 t	极值比	变差 系数
1950~1960	14.3	4.6	0.44	13.0	5.5	0.45	11.9	6.9	0.42	12.2	8.7	0.43
1961~1964	8.4	3.7	0.57	10.1	2.6	0.43	10.9	2.6	0.45	11.6	2.6	0.43
1965~1973	13.8	3.4	0.36	12.2	3.9	0.41	11.6	4.2	0.45	10.7	5.1	0.49
1974~1985	10.1	3.2	0.36	9.4	3.2	0.31	8.9	3.3	0.29	8.4	4.1	0.32
1986~1999	6.8	5.1	0.43	5.1	6.0	0.45	5.1	8.7	0.48	4.0	49.7	0.56
2000~2016	0.9	33.9	0.64	1.2	15.5	0.53	1.4	18.6	0.62	1.2	34.8	0.81
1950~2016	8.2	452.5	0.78	7.4	145.1	0.77	7.2	110.4	0.75	6.8	197.4	0.82

注：表中极值比指最大值与最小值之比。

黄河下游各水文站年沙量变化的趋势分析见表 3-4 所示。分析表明,各水文站年沙量的 Mann-Kendall 统计量 $|z|$ 均大于 2.32,即统计量 z 大于 0.01 的置信度水平,且统计量 z 为负值,说明随着时间推移,黄河下游各水文站年沙量有显著减小趋势。各水文站 2000~2016 年年均沙量较 1950~1960 年分别减少约 13.4 亿 t/a、11.8 亿 t/a、10.5 亿 t/a 和 11.0 亿 t/a(见表 3-3)。

表 3-4　黄河下游各水文站年沙量变化的趋势分析

水文站点	Mann-Kendall 检验		线性回归	
	检验统计量 z	显著性水平 α	相关系数 R^2	显著性水平
花园口	-5.96	0.01	0.53	0.01
高村	-6.63	0.01	0.56	0.01
艾山	-6.26	0.01	0.55	0.01
利津	-6.50	0.01	0.58	0.01

3.1.3　黄河下游水沙突变分析

3.1.3.1　水量突变年份

在各水文站水量表现出显著减少的趋势上,采用 Pettitt 方法分析各水文站来水量发生趋势性跃变的突变结果如图 3-3 所示。在 99.9% 置信度水平下,花园口、高村、艾山和利津来水量的统计检验指标均在 1985 年出现最低点,并超过临界水平线。这表明黄河下游来水量是在 1985 年发生明显变化的。

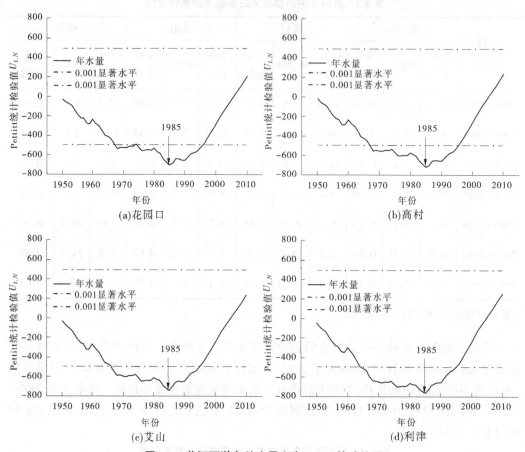

图 3-3　黄河下游各站水量突变 Pettitt 检验结果

3.1.3.2　沙量突变年份

在各水文站沙量表现出显著减少的趋势上,同样对其采用 Pettitt 方法分析了沙量的突变点,如图 3-4 所示。可以看出,除花园口输沙量突变点出现在 1981 年外,别的站点突变点均出现在 1985 年。

3.1.3.3　水量和沙量突变原因简析

根据以上分析可知,黄河下游来水来沙变化趋势存在明显的一级突变点,其主要原因是气候变化及人类活动的影响。降水减少和两岸引用水量增多是影响实测径流量减少的主要原因,除来水量减少引起来沙量减少外,汛期暴雨强度减弱、中游水土保持措施减沙及水库建设拦沙对黄河来沙量的减少起到了主导作用(史红玲等,2014)。当然也有人认为人类活动的影响较为突出,1986 年黄河上游龙羊峡水库建成运用,使得其下游的河道基流明显减小(李文文等,2014)。因此,水量和沙量的突变点均出现在 1985 年。姚文艺(2013)认为,人类活动与降水变化对水沙变化的影响差异较大,就黄河中游地区总体而言,人类活动的减水作用远大于降水的影响,人类活动的减沙作用与降水影响基本相当,不宜笼统说黄河水沙变化主要是人类活动所致或主要是降水变化所致。

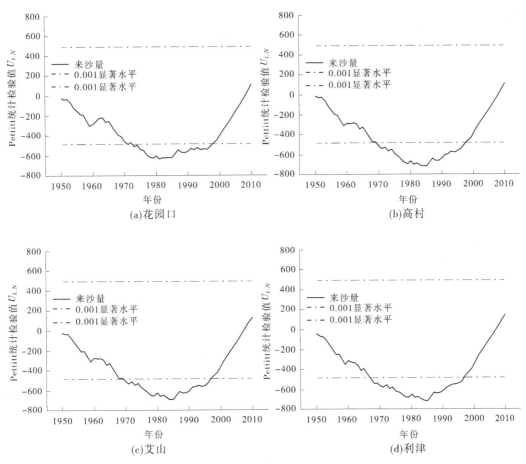

图 3-4　黄河下游各站沙量突变 Pettitt 检验结果图

3.2　水库运用前后河道冲淤发展

3.2.1　不同河段累积淤积量变化

从前面的来水来沙变化趋势可以看出,龙羊峡水库、三门峡水库和小浪底水库的运用方式对进入黄河下游的水沙条件产生了重大影响。1960 年以来,黄河下游不同河段的累积淤积量变化(见图 3-5),根据各大水库的运用相应分为五个阶段。这里的冲淤量计算采用沙量平衡法,且每个河段已经考虑沿程的引水引沙量(姚传江,龙毓骞,2002)。第 I 阶段是 1960~1964 年,即三门峡水库"蓄水拦沙"运用阶段。该时期清水下泄,河道均发生强烈的冲刷。全下游共冲刷 19.09 亿 t,其中高村以上冲刷 12.47 亿 t,占全下游的65%,全下游年均冲刷 3.82 亿 t。第 II 阶段是 1965~1973 年,是三门峡水库"滞洪排沙期"。该时期除了防汛和春灌基本是敞开闸门泄流排沙,天然来水偏枯,来沙偏多。该时期共淤积 33.82 亿 t,高村以上占全下游的 79%,全下游年均淤积 3.76 亿 t。第 III 阶段是

1974~1985 年,属于三门峡水库"蓄清排浑期"。非汛期把水库水位抬高,在汛期则降低水位排沙。这一时期,下游来水偏丰,来沙偏少。该时期全下游共淤积 0.81 亿 t,高村以上淤积 8.76 亿 t,高村以下冲刷 7.95 亿 t,因此全下游年均淤积 0.07 亿 t。第 IV 阶段是 1986~1999 年。该时期龙羊峡水库投入运用,且受流域气候条件和人类活动的影响,黄河下游来水来沙锐减。全下游共淤积 20.65 亿 t,高村以上淤积 23.50 亿 t,高村以下冲刷 2.85 亿 t,全下游年均淤积 1.48 亿 t。第 V 阶段是 2000~2010 年,具体冲淤情况详见 3.2.2 节。

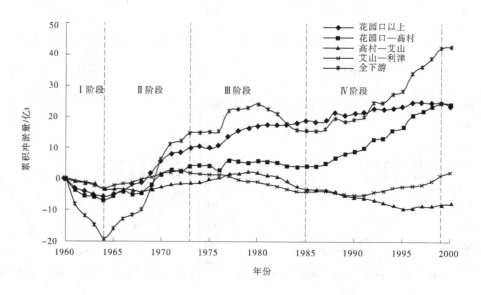

图 3-5　黄河下游累积淤积量

3.2.2　水库运用后河道冲刷

黄河下游河道在 1960 年后,明显经历了两次水库运用引起的持续冲刷期。三门峡水库"蓄水拦沙期"(见图 3-6),除高村—艾山河段外,基本上在整个时期全下游均发生冲刷,即冲刷距离延续至利津。除高村—艾山河段从 1963 年才开始冲刷外,其余河段在 1961 年开始均发生冲刷,且冲刷一直延续到 1964 年运用方式改变为止。

小浪底水库运用后下游河道的冲刷结果如表 3-5 所示。可以看出,该时期冲刷持续时间较长,且流量较三门峡水库蓄水拦沙期小,因此冲刷发展较缓慢。小浪底水库运用至 2010 年 10 月,黄河下游利津以上河道共冲刷 13.629 亿 m³,其中主槽冲刷 14.106 亿 m³;高村以上是冲刷的主体,占全下游的 73%。冲刷量具有沿程减小的特点。其中花园口—高村河段,平均每千米冲刷 0.034 亿 m³,高村—艾山河段平均每千米冲刷 0.010 亿 m³,艾山—利津河段则平均每千米冲刷 0.07 亿 m³。

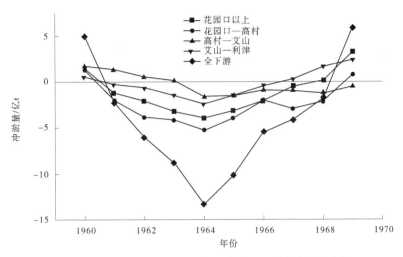

图 3-6　三门峡水库来沙运用期以来黄河下游年累积淤积量

表 3-5　黄河下游 1999 年 10 月至 2010 年 10 月各河段冲淤量

河段	年冲淤量/ 亿 m³	每千米冲淤量/ （亿 m³/km）	河段占下游比例/ %
白鹤—花园口	-4.072	-0.031	30
花园口—夹河滩	-4.564	-0.045	33
夹河滩—高村	-1.345	-0.019	10
高村—孙口	-1.267	-0.011	9
孙口—艾山	-0.504	-0.008	4
艾山—泺口	-0.682	-0.007	5
泺口—利津	-1.194	-0.007	9
花园口—高村	-5.910	-0.034	43
高村—艾山	-1.771	-0.010	13
艾山—利津	-1.876	-0.007	14
全下游合计	-13.629	-0.018	100

注：淤积为"+"，冲刷为"-"。

　　下面结合冲刷效率变化情况，说明河道冲刷发展。冲刷效率指单位水量的冲刷量，代表了水体的冲刷强度。小浪底水库运用以来黄河下游冲刷效率随时间推移呈现不断衰减的趋势（见表 3-6 和图 3-7），全年和汛前调水调沙期的冲刷效率分别由开始的 10.46 kg/m³ 和 20.35 kg/m³ 降低到 2010 年的 5.78 kg/m³ 和 5.19 kg/m³，降幅分别为 64% 和 74%；冲刷效率降低主要发生在 2006 年以前，2008 年以来维持在 5~6 kg/m³ 的较低水平；从 11 年平均情况来看，夹河滩以上河段是冲刷的主体，占下游冲刷效率的 55%；同时也是冲刷效率衰减的主体，占下游总减少量的 44%。

表 3-6　黄河下游 2000~2010 年各河段冲刷效率　　　　　　　　单位:kg/m³

运用年	白鹤—花园口	花园口—夹河滩	夹河滩—高村	高村—孙口	孙口—艾山	艾山—泺口	泺口—利津	白鹤—利津
2000	6.41	4.41	-0.56	-1.62	-0.08	-1.27	-1.29	10.46
2001	3.71	2.45	0.85	-0.69	0.19	0.04	-0.34	8.72
2002	2.09	2.79	-0.99	-0.42	0.04	0.49	3.02	7.41
2003	3.54	3.76	1.84	1.73	0.67	1.44	2.27	16.12
2004	2.21	2.20	1.65	0.62	0.37	0.86	1.30	9.43
2005	0.85	2.44	1.42	1.00	0.82	1.03	1.19	9.04
2006	1.91	3.20	0.38	1.08	0	-0.39	0.22	6.89
2007	2.39	2.36	0.88	1.42	0.39	0.79	1.06	9.79
2008	1.27	1.06	0.52	0.92	0.24	-0.08	0.45	4.74
2009	0.33	1.79	1	1.47	0.32	0.29	0.37	5.99
2010	1.39	1.42	0.61	0.67	0.24	0.57	0.56	5.78
平均	2.17	2.47	0.76	0.75	0.32	0.44	0.87	8.51
变幅/%*	-78	-68	-67	-61	-70	-60	-81	-64

注:变幅为 2010 年与冲刷效率最高年份的对比;水量各河段采用进口站、全下游为各站平均;淤积为"+",冲刷为
"-"。

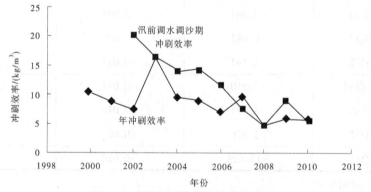

图 3-7　黄河下游冲刷效率变化过程

3.3　小　结

(1)黄河下游花园口站年水量在小浪底水库调控后,基本维持在 250 亿 m³ 左右,比起 1950~1960 年的 453 亿 m³,减小了约一半,比起多年(1950~2016 年)平均值 367 亿 m³,减小约 32%。2000 年后年沙量约 0.9 亿 t,比起 1950~1960 年的年沙量 13.4 亿 t,减少约 94%,比起多年平均值 8.2 亿 t,减少约 89%。可以看出,沙量的减幅远大于水量的减幅。

小浪底水库除调水调沙运用外,几乎清水下泄,因此含沙量大幅减小。

(2)利用非参数 Mann-Kendall 趋势检验法,对 1950~2010 年花园口、高村、艾山和利津的年水沙量均进行了分析,水沙量均呈现出明显的减小趋势。

(3)采用 Pettitt 方法分析了各个水文站的突变点,结果表明在 99.9%置信度水平下,花园口、高村、艾山和利津来水量的统计检验指标均在 1985 年出现最低点,即黄河下游来水量是在 1985 年发生明显变化的。而沙量除了花园口在 1981 年,别的站点均在 1985 年。其主要原因是气候变化及人类活动的影响。除气候因素外,其中人类活动的影响较为突出,1986 年黄河上游龙羊峡水库建成运用,使得其下游的河道基流明显减小。因此,水量和沙量的突变点均出现在 1985 年。

(4)经历了三门峡水库、龙羊峡水库和小浪底水库不同运用方式的阶段,黄河下游冲淤调整发生了相应的变化。其中在第Ⅰ阶段(1960~1964 年),三门峡水库清水下泄阶段,全下游冲刷 19.09 亿 t,高村以上占 65%。第Ⅱ阶段(1965~1973 年),三门峡水库"滞洪排沙"期,全下游共淤积 33.82 亿 t,高村以上占 79%。第Ⅲ阶段(1974~1985 年),三门峡水库"蓄清排浑"期,全下游共淤积 0.81 亿 t,高村以上淤积 8.76 亿 t,高村以下冲刷 7.95 亿 t。第Ⅳ阶段(1986~1999 年),该时期龙羊峡水库开始投入运用,全下游淤积 20.65 亿 t,高村以上淤积 23.50 亿 t,高村以下冲刷 2.85 亿 t。第Ⅴ阶段(2000~2010 年),小浪底水库进入拦沙运用初期,全下游共冲刷 13.629 亿 m^3,其中高村以上冲刷 9.98 亿 m^3,高村以上是冲刷的主体,占全下游的 73%。具有冲刷量沿程减小的特点。2000 年,也成了黄河下游冲淤趋势演变的转折点。

第4章　黄河下游洪水冲淤规律分析

黄河下游长时期的演变中,洪水对河道冲淤和河道形态的调整起着至关重要的作用。对于非漫滩洪水,由于小浪底水库运用后,人造洪峰开始显现出明显的优势。人工塑造异重流,既可以冲出小浪底水库的细泥沙,又可以促进黄河下游河道的冲刷下切,提高河道输沙能力。但究竟哪种类型的人造洪峰过程对提高输沙能力最为有利,是一个亟待解决的问题。另外,大漫滩洪水对于黄河下游滩槽冲淤调整格局有着重要的影响。漫滩洪水的"淤滩刷槽"作用,也是一个较有争议的话题。本章即从这两个角度分析黄河下游洪水对河道滩槽冲淤,以及在河道冲淤调整过程中的作用进行详细论证。

4.1　黄河下游不同峰型非漫滩洪水冲刷效率分析

黄河下游水少沙多,河床不断淤积抬高,其中最重要的原因就是水沙关系不协调。1986年以来,受流域气候和人类活动的影响,不利的水沙条件使黄河下游河道发生了急剧萎缩,河道排洪能力明显降低,黄河下游的平滩流量分别由20世纪50年代的约6 000 m³/s减小到2002年的不足1 800 m³/s。1999年10月小浪底水库投入运用后,由于来沙锐减,再加上小浪底水库调水调沙人造洪峰,黄河下游河道发生了强烈的冲刷,河床展宽下切,河道平滩流量普遍增加,至2012年黄河下游平滩流最小断面已增至4 000 m³/s左右。在历史上黄河下游的冲淤发展中,不同类型的洪水对黄河下游河道演变起着决定性的作用。自然洪水的类型繁多,按照漫滩程度来分,可分为漫滩洪水和不漫滩洪水;按照洪水最大含沙量的大小可分为低含沙量洪水、一般含沙量洪水和较高含沙量洪水;按照洪水过程形态来分类,可分为陡涨陡落的尖瘦型洪水和缓涨缓落的宽胖型洪水。

小浪底水库拦沙运用17年以来,共开展了19次调水调沙,下游河道的排洪输沙能力得到显著提高。相同水量和相同平滩流量条件下,小浪底水库塑造不同的洪水过程,其相应的输沙效果不同。调水调沙一般易于塑造接近平滩流量、总体变幅较小的"平头峰";部分学者基于对涨水阶段存在附加比降、流速相对较大、更易于河道冲刷的认识,建议塑造接近自然洪峰的过程,简称"自然峰"。究竟这两种峰型的洪水,哪种的冲刷效率较好,目前还没有得到解决。黄河下游调水调沙试验及实践仍会相继开展,调水调沙试验时间长会造成水资源浪费,时间短洪水过程变形大则达不到输沙的目的,如何优化洪水过程,达到试验目标,仍是调水调沙生产运行迫于回答的问题。本次研究目的就是针对非漫滩洪水,阐明低含沙量"平头峰"和"自然峰"洪水对下游河道冲淤的影响,通过理论分析和数学模型计算提出有利于下游河槽塑造的调水调沙峰型。

黄河下游洪水演进过程复杂,沙峰与洪峰不同步,多数沙峰滞后于洪峰,洪峰流量大小与含沙量高低关系并不密切,洪水期含沙量搭配非常复杂,且调水调沙期本身含沙量也较低,因此本次研究暂不考虑含沙量变化对输沙的影响,即仅研究流量过程对输沙的影响。

4.1.1　小浪底水库拦沙运用以来水沙特点

从小浪底水库自 1999 年 10 月下闸蓄水到 2016 年汛后,下游主要是长期来水偏枯,也有短期中小水过程,其中有 19 次为调水调沙过程,除洪水期有低含沙异重流排沙外,其余均为清水下泄。以花园口的水沙作为进入下游的水沙条件,可以看出,小浪底水库运用以来进入下游的水量65%集中在 1 000 m³/s 以下,其中没有大于 5 000 m³/s 的流量过程;4 000~5 000 m³/s 的流量也仅占总水量的 1%(见图 4-1)。

2000~2016 年年均水量 250 亿 m³,比 1986~1999 年减少 10%,约减少 27 亿 m³。水量没有显著减少,但沙量却明显减少,如图 4-2 所示。2000~2016 年年均沙量约 0.9 亿 t,比 1986~1999 年减少 87%,约减少 5.9 亿 t。1986~1999 年年均含沙量一般为 12~39 kg/m³,而 2000~2016 年仅 0.4~9.6 kg/m³,且沙量均在小浪底水库调水调沙期或是洪水期下泄。因此,小浪底水库运用以来,下游河道发生了明显的冲刷。

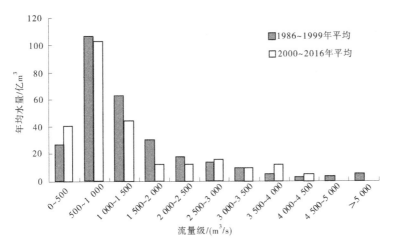

图 4-1　1986~2016 年各流量级年均水量

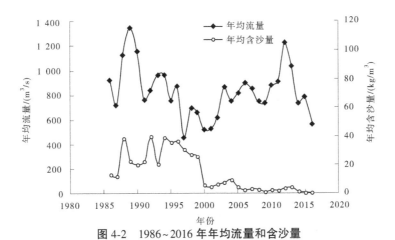

图 4-2　1986~2016 年年均流量和含沙量

4.1.2　设计洪水的概化

4.1.2.1　黄河下游洪水的类型

　　黄河下游发生的洪水类型各异,仅从峰型方面来分,有宽胖型,也有尖瘦型。洪峰流量(Q_{max})和洪水平均流量(Q_p)的比值,反映了洪水的宽胖和尖瘦程度。根据实测资料统计了花园口 1960 年以来 355 场洪峰流量大于 1 500 m³/s 的洪水特征参数,其峰型系数($m = Q_{max}/Q_p$)一般为 1.02~2.61,平均约为 1.40。其中尖瘦型洪水,如 1991 年 6 月的一场洪水(见图 4-3)和 1998 年 7 月的一场洪水(见图 4-4),峰型系数分别为 1.82 和 2.23,整个洪水过程中有明显的涨水和落水阶段,且持续时间较长,洪峰流量持续时间较短。在小浪底开始拦沙运用后,调水调沙一般塑造接近平滩流量、总体变幅较小的"平头峰"人造洪水,即峰型系数接近 1。如 2002 年 7 月汛期调水调沙塑造的宽胖型"平头峰"洪水(见图 4-5),平均流量约为 2 179 m³/s,洪峰流量约为 3 050 m³/s,历时约 17 d。2009 年 6 月的汛前调水调沙,平均流量约 3 229 m³/s,洪峰流量为 4 050 m³/s,历时 16 d。调水调沙期间的人造洪峰,陡涨陡落,大部分流量均保持同一流量,即接近 4 000 m³/s,接近黄河下游河段最小平滩流量。一般洪水在下游的传播需要 4 d,为了使洪水过程自上而下传播不至于发生较大的变形,洪水历时最少不应小于 7 d。

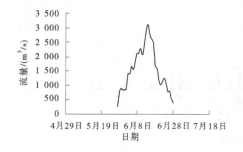

图 4-3　花园口 1991 年洪水过程

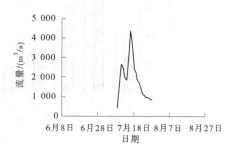

图 4-4　花园口 1998 年洪水过程

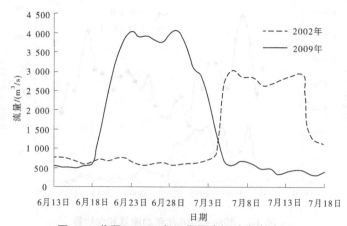

图 4-5　花园口 2002 年汛期调水调沙洪水过程

4.1.2.2　洪水过程的概化方法

所谓设计洪水,是指人们运用经验资料,通过数学手段,结合水文规律和工程性质以及某些假定,而拟定的一种特定的洪水。它是一种概化性的统计预报,是预估的洪水过程(王国安,1964)。概化模式很多,如三角形(见图 4-6)和多边形(五点法)(见图 4-7)(胡国波,1993;谢贻赋,1992),或苏联索克洛夫斯基的抛物线方程和阿列克谢也夫模氏法,简称阿氏法(陈家琦等,1962;曹颖梅等,2011)、P-Ⅲ 曲线型、正弦曲线型(高荣松,1980;杨荣富,1990)、复合抛物线型(申冠卿,2008,2013)等。这些概化模式要么过于简单,难以反映洪水过程复杂多变的特性,要么参数太多,难以确定,达不到简化计算的目的。正弦曲线型基本上能描述出洪水过程的主要特征,但特征参数无唯一解和不能反映峰型胖瘦这一至关重要的特性。

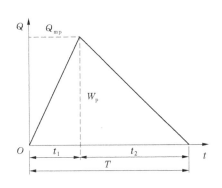

图 4-6　三角形概化洪水过程线

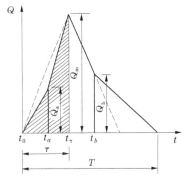

图 4-7　多边形(五点法)概化洪水过程线

本次研究提出正态曲线的模式概化洪水过程,如图 4-8 和图 4-9 所示。一般的正态分布概率密度函数为 $f(x) = \dfrac{1}{\sqrt{2\pi}\,\sigma} e^{-\frac{x-\mu}{2\sigma^2}}$,设计洪水的流量过程可用下式描述:

$$Q(t) = \frac{1}{\sqrt{2\pi}\,\sigma} e^{-\frac{t-\mu}{2\sigma^2}} \tag{4-1}$$

式中:$f(t)$ 为不同时刻洪水的流量过程;Q_m 为最大洪峰流量,m^3/s;σ 为洪水流量过程的标准差,用来调整洪水过程的宽胖和尖瘦程度;T 为洪水总历时;$\mu = T/2$;π 为常数。

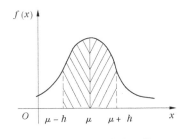

图 4-8　正态曲线函数

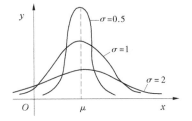

图 4-9　不同标准差的正态曲线差异

因此,通过调整洪水总历时 T 和流量过程标准差 σ,就可以确定洪水的尖瘦和宽胖。如图 4-10 所示,总水量均为 40 亿 m^3,当洪水历时为 13 d 时,洪峰流量为 6 000 m^3/s,洪水平均流量为 3 493 m³/s,峰型系数 $m = 1.72$;当洪水历时为 15 d 时,洪峰流量为 5 000 m³/s,洪水平均流量为 3 033 m³/s,峰型系数 $m = 1.65$;当洪水历时为 17 d 时,洪峰流量为 4 000 m³/s,洪水平均流量为 2 682 m³/s,峰型系数 $m = 1.49$。依次来看,洪水过程越宽胖,峰型系数越小。平头峰洪水则是除起涨和落水外,流量均为恒定。

当以上各参数确定时,洪水期总水量 $W = \int_0^t Q(t)\,\mathrm{d}t$,即 $W = f(Q_m, \sigma, T)$。

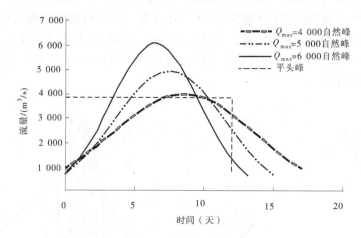

图 4-10　不同峰型系数洪水概化流量过程

4.1.2.3　泥沙输移的公式

一般条件下,水流挟沙能力公式为:

$$S_* = K\left(\frac{V^3}{gh\omega}\right)^m \qquad (4-2)$$

式中:g 为重力加速度;ω 为悬移质平均沉速;K 和 m 分别为系数和指数。

根据研究(韩其为,2003,2004),黄河下游河道在平衡条件下,$m = 0.92$,$\dfrac{K}{g^{0.92}} = 0.015$。为了直接反映坡降、河型(河相系数)及糙率等的影响,对式(4-2)进行了改造。引进曼宁公式 $V = \dfrac{1}{n}h^{2/3}J^{1/2}$,流量连续方程 $Q = VBh$,以及河相系数 $\zeta = \sqrt{B}/h$,可将其改写为

$$S_* = \frac{K}{(g\omega)^{0.92}}\left(\frac{\frac{1}{n^3}h^2 J^{1.5}}{h}\right)^{0.92} = \frac{K}{(g\omega)^{0.92}}\left[\frac{J^{1.5}}{n^3}\left(\frac{nQ}{\zeta^2 J^{\frac{1}{2}}}\right)^{\frac{3}{11}}\right]^{0.92}$$

$$= \frac{K_1}{\omega^{0.92}}\left(\frac{Q^{3/11}J^{15/11}}{\zeta^{6/11}n^{6/11}}\right)^{0.92} = \frac{K_1}{\omega^{0.92}}\frac{Q^{0.25}J^{1.25}}{\zeta^{0.5}n^{2.5}} \qquad (4-3)$$

其中,单位以 m、s、kg 计,$K_1 = \dfrac{k}{g^{0.92}} = 0.015$。

式(4-3)从理论上反映了挟沙能力与河道比降、河相系数、流量及糙率的关系。它避开了较难确定的流速和水深,而采用了更宏观的一些量,并且能更直接反映挟沙能力的机

制,用于对挟沙能力做宏观分析是很有用的。

同时,结合上述对洪水流量过程的概化,不同类型洪水的输沙能力可表示为

$$W_s = \int_0^t Q(t) S_* \mathrm{d}t \tag{4-4}$$

4.1.3　不同类型洪水输沙规律研究

黄河下游调水调沙从 2002 年开始,已连续开展了 14 年,分析每次汛前调水调沙的水量平均约在 40 亿 m^3(黄河水利委员会,2013),因此这里选用 40 亿 m^3 作为洪水总量,来分析不同类型洪水输沙能力的特点。

4.1.3.1　限制流量小于或等于 4 000 m^3/s 不漫滩

1. 同洪峰同水量

同洪峰同水量,即在洪水期水量均为 40 亿 m^3,且限制不漫滩($Q_{max} \leq 4\ 000\ m^3/s$)的情况下,可将洪水概化为洪峰流量均为 4 000 m^3/s,但洪水历时分别为 13 d、15 d 和 18 d 的 3 场自然洪水。

依据前文所述概化洪水输沙能力的计算方法,计算全下游河段不同峰型洪水的输沙能力。令挟沙能力公式(4-3)中的 $K_1 = 0.015$,$J = 1.5‰$ 为下游河段平均纵比降;$\omega = 0.003$ m/s 为 2000~2009 年调水调沙期间悬沙浑水沉速平均值;$n = 0.01$ 为糙率;$\zeta = 13$ 为下游河段平均宽深比;计算得到不同类型洪水的输沙结果见表 4-1 所示。分析表明,这几场洪水的输沙能力相差较小,其中平头峰的输沙能力大于自然峰的输沙能力,随着自然峰历时的增长,输沙能力进一步降低。平衡输沙条件下,历时 11.57 d 的平头峰(4 000 m^3/s)可挟带的平衡含沙量为 12.8 kg/m^3,相应输沙量为 0.513 亿 t;而历时 13 d、15 d 和 18 d 的自然洪峰过程挟带的平衡含沙量分别为 12.3 kg/m^3、11.9 kg/m^3、11.7 kg/m^3,相应输沙量分别为 0.490 亿 t、0.477 亿 t、0.469 亿 t,分别为平头峰的 96%、93% 和 91%。同时也可以看出,这 4 场洪水中 $Q \geq 3\ 500\ m^3/s$ 的大流量历时也是平头峰洪水最长,因 $Q_s = kQ^n$,$n > 1$(潘贤娣等,2006),因此大流量历时越长,则其输沙能力越高。

表 4-1　同洪峰同水量流量黄河下游洪水输沙结果(理论分析)

洪水类型	洪水历时/d	$Q \geq$ 3 500 m^3/s 历时/d	Q_{max}/(m^3/s)	Q_p/(m^3/s)	$\dfrac{Q_{max}}{Q_p}$	输沙量 W_s/亿 t	平均含沙量/(kg/m^3)
单峰自然峰	13	7.0	4 000	3 561	1.12	0.490	12.3
	15	5.0	4 000	3 086	1.30	0.477	11.9
	18	4.7	4 000	2 572	1.56	0.469	11.7
平头峰	11.57	11.57	4 000	4 000	1.00	0.513	12.8

同时利用 YRCC2D 数学模型对不同类型洪水黄河下游小浪底至利津的冲淤情况进行了计算。该模型是黄河水利委员会黄河数学模型攻关课题组研发的平面二维水流—泥沙数学模型。YRCC2D 模型的水沙控制方程采用守恒形式,紊流方程采用零方程模式,在

无结构网格上对偏微分方程组进行有限体积的积分离散。在泥沙基本理论方面,针对黄河的泥沙运动规律解决了非均匀沙沉速、水流分组挟沙力、床沙级配、动床阻力等关键技术的应用问题,且泥沙构件的计算模式兼顾了基于不同理论背景的研究成果。具体计算结果如表4-2所示。2011年汛后、河道持续冲刷条件下,历时11.57 d的平头峰(4 000 m³/s)在黄河下游河道冲刷效率可以达到8.0 kg/m³,相应冲刷量为0.319亿t,其中艾山—利津河段冲刷量为0.083亿t。三种自然洪峰在下游河道冲刷效率分别为7.6 kg/m³、7.2 kg/m³和6.7 kg/m³,相应冲刷量分别为0.303亿t、0.288亿t、0.269亿t,分别为平头峰的95%、90%和84%。其中艾山—利津河段相应冲刷量分别为0.079亿t、0.074亿t、0.067亿t,分别为平头峰的95%、89%和81%。艾山—利津河段自然峰的冲刷效率减少更明显,表明洪峰平均流量的影响较其上游河段更加明显,历时较长的自然洪峰冲刷效率降低了约19%。

表4-2　同水量同洪峰流量洪水期冲淤量(数学模型)　　　　单位:亿t

河段	自然峰			平头峰
	13 天	15 天	18 天	11.57 天
小浪底—花园口	-0.059	-0.057	-0.054	-0.062
花园口—夹河滩	-0.030	-0.027	-0.024	-0.035
夹河滩—高村	-0.022	-0.019	-0.016	-0.024
高村—孙口	-0.055	-0.053	-0.049	-0.057
孙口—艾山	-0.058	-0.059	-0.059	-0.059
艾山—泺口	-0.042	-0.040	-0.038	-0.045
泺口—利津	-0.037	-0.034	-0.029	-0.038
全下游合计	-0.303	-0.288	-0.269	-0.319
平均含沙量/(kg/m³)	-7.6	-7.2	-6.7	-8.0

2. 同水量等历时

同水量等历时,即是指在洪水期水量均为40亿m³,对比两组历时相同,但一场为平头峰,另一场为自然峰洪水的输沙能力差异。在同水量等历时的情况下,分别计算了持续时间为12 d、13 d、15 d、16 d、17 d、18 d和20 d的平头峰和自然峰的输沙能力,如表4-3所示。可以看出,平头峰与自然峰的输沙能力相差较小。当总水量为40亿m³时,洪水历时分别为12~16 d平头峰洪水,即平头峰流量大于2 900 m³/s时,其输沙能力均大于自然峰洪水;当洪水历时大于16 d,即平头峰的流量小于2 900 m³/s时,自然峰洪水的输沙能力则略大于平头峰的输沙能力。

表 4-3　同水量等历时自然洪水和平头峰输沙能力对比

历时 (天)	洪峰流量 Q_{max}/ (m^3/s)	自然峰洪水				平头峰		
		$\dfrac{Q_{max}}{Q_p}$	输沙量 W_s/亿 t	平均含沙量/ (kg/m^3)	$Q \geqslant$ 2 900 m^3/s 历时/d	流量 Q/ (m^3/s)	输沙量 W_s/亿 t	平均含沙量/ (kg/m^3)
12	4 000	1.04	0.497	12.43	4.75	3 858	0.508	12.71
13	4 000	1.12	0.490	12.25	3.06	3 561	0.498	12.46
15	4 000	1.30	0.477	11.92	2.77	3 086	0.481	12.02
16	4 000	1.38	0.475	11.88	2.56	2 894	0.473	11.82
17	4 000	1.47	0.471	11.78	2.38	2 723	0.466	11.65
18	4 000	1.56	0.469	11.74	2.34	2 572	0.459	11.48
20	4 000	1.73	0.467	11.67	2.26	2 315	0.447	11.18

分析其原因,是因为在洪水历时分别为 12~16 d 平头峰洪水,即平头峰流量大于 2 900 m^3/s,其流量基本在 3 000 m^3/s 以上,流量比较大,且持续时间较长,所以平头峰洪水略高于自然峰洪水;当洪水历时大于 16 d,即平头峰的流量小于 2 900 m^3/s 时,此时平头峰洪水均为小于 3 000 m^3/s 的小流量,虽然自然峰洪水大部分均为小流量,但总有几天大于 3 000 m^3/s 的流量过程,所以大流量的造床作用,使得自然峰大于平头峰。

4.1.3.2　假定均不漫滩

1. 不同洪峰不同历时同水量

在假定不漫滩,即平滩流量比较大,下面的 5 场洪水均不会漫滩的情况下,概化不同洪峰流量过程(见表 4-4),洪峰流量分别为 4 000 m^3/s、4 500 m^3/s、5 000 m^3/s、5 500 m^3/s 和 6 000 m^3/s,历时分别为 13 d、14 d、15 d、16 d 和 17 d。可以看出,洪峰流量越小,持续时间越长,平均流量越小,峰型系数越小,洪水越宽胖,其输沙能力越小;反之,则输沙能力越大。

表 4-4　不同洪峰不同历时同水量洪水输沙能力对比

历时 (天)	洪峰流量 Q_{max}/(m^3/s)	平均流量 Q_p/(m^3/s)	Q_{max}/Q_p	输沙量 W_s/亿 t	平均含沙量/ (kg/m^3)
13	6 000	3 561	1.68	0.516	12.89
14	5 500	3 307	1.66	0.505	12.62
15	5 000	3 086	1.62	0.494	12.36
16	4 500	2 894	1.56	0.483	12.08
17	4 000	2 723	1.47	0.472	11.81

2. 不同洪峰同历时同水量

在假定不漫滩情况下,概化不同洪峰流量过程,洪峰流量分别为 4 000 m^3/s、4 500

m^3/s、$5\,000\ m^3/s$、$5\,500\ m^3/s$ 和 $6\,000\ m^3/s$，历时均为 13 天，所以平均流量均等于 $3\,561$ m^3/s，但峰型系数逐渐增大(见表 4-5)。可以看出，在平均流量相同时，洪峰流量越大，洪水越尖瘦，大流量出现的历时越长，其输沙能力越大。但在水量和历时均相同的情况下，即洪水期平均流量相同的洪水，虽然有洪峰尖瘦和宽胖之分，但其输沙能力差距较小。

表 4-5　不同洪峰同历时同水量洪水输沙能力对比

洪峰流量 Q_{max}/ (m^3/s)	平均流量 Q_p/ (m^3/s)	Q_{max}/Q_p	输沙量 W_s/ 亿 t	平均含沙量/ (kg/m^3)
6 000		1.68	0.516	12.89
5 500		1.54	0.509	12.71
5 000	3 561	1.40	0.501	12.53
4 500		1.26	0.496	12.39
4 000		1.12	0.491	12.27

4.1.4　小结

本章研究主要针对小浪底水库调水调沙，因此在总水量均为 40 亿 m^3 情况下，通过上述理论分析和数学模型计算可以得到以下结论：

(1)限制洪水不漫滩，且洪峰流量均等于 $4\,000\ m^3/s$ 和同水量的条件下，这几场洪水输沙能力相差较小。其中，平头峰的输沙能力最大，单峰自然峰洪水历时越短，大流量占的比例越大，越接近平头峰的输沙能力。

(2)限制洪水不漫滩，在平头峰和自然峰洪水历时相同的情况下输沙能力相差较小。洪水历时分别为 12~16 天平头峰洪水，即平头峰流量大于 $2\,900\ m^3/s$ 时，其输沙能力略均大于自然峰洪水输沙能力；当洪水历时大于 16 天，即平头峰流量小于 $2\,900\ m^3/s$ 时，自然峰洪水的输沙能力略大于平头峰的输沙能力。分析其原因，因平头峰洪水流量基本在 $3\,000\ m^3/s$ 以上，流量比较大，且持续时间较长，所以平头峰洪水略高于自然峰洪水；而当洪水历时大于 16 天，即平头峰洪水均为小于 $3\,000\ m^3/s$ 的小流量，虽然自然峰洪水大部分均为小于 $3\,000\ m^3/s$ 流量，但总有几天大于 $3\,000\ m^3/s$ 的流量过程，所以大流量的造床作用，使得自然峰大于平头峰。

(3)在不同洪水均不漫滩情况下，即平滩流量无限大时，洪峰流量越小，则持续时间越长；平均流量越小，峰型系数也越小，洪水越宽胖，其输沙能力越小；反之，则输沙能力越大。但在水量和历时均相同的情况下，即洪水期平均流量相同的洪水，虽然有洪峰尖瘦和宽胖之分，但其输沙能力差距较小。

因此，在小浪底水库调水调沙期间，若限制不漫滩，且同水量条件下，则尽量调成大流量占比例较大的平头峰，这样输沙效率最高，也易操作。

4.2　黄河下游漫滩洪水冲淤特性研究

漫滩洪水对于河漫滩的发展有着重要的意义。尤其是平原河流，由于环境和经济的原因,滩地的发展越来越备受关注(Newson,1989;Parker,1995)。在河漫滩不断淤积抬升的过程中,洪水的特性,如洪水频率、持续时间、悬沙含沙量,以及河道工程的布局等,决定了河漫滩长期的淤积速率(James,1985;Pizzuto,1987;Marriott,1992;Nicholas,1996;Asselman,1995)。很多对滩地淤积速率的调查研究已经达到几百年甚至是几千年的尺度(Alexander,1971;Ritter,1973;Knox,1989)。河漫滩淤积的研究方法很多,如沉积物收集器(Lambert,1986,1987;Simm,1993)、测量铯-137 的含量(Simm,1995;Walling,1996)和铅-210 测年(He,1996)的方法等。这些都对研究河漫滩地貌,以及通过河流传播的污染物的演进,尤其是依附于细颗粒的工业、农业和重金属的污染,都提供了很有价值的信息。同时,河漫滩有着重要的存储和沉淀细泥沙的功能,因此是预估流域泥沙的一个重要组成部分。

越来越多的学者对漫滩淤积的速率和方式进行研究(Asselman,1995;Simm,1995;Walling,1996;李远发,2011)。Walling(1989,1996)分析了英国的 Ouse 河 1995 年洪水期间滩地淤积,得到距河槽越远则淤积物粒径组成越细的认识,并且得到了淤积物中值粒径与距河床距离呈负的幂指数的关系式。Simm(1998)实地查勘并提取了英国 Devon 平原一年内滩地的淤积物和淤积速率,分析认为随着距河道越远则淤积物粒径和泥沙淤积速率都呈指数减少,另外,粗颗粒泥沙淤积均出现在距离河槽几米远的位置。Benedetti(2003)分析了美国密西西比河上游滩地淤积,得到多年平均淤积速率为 1.4 mm/年(距今 2 500 年以内),1954 年后滩地淤积速率平均为 8～14.4 mm/年,但近期的滩地淤积速率较 20 世纪 50 年代减小,反映了 20 世纪 50 年代开始的水土保持措施的效果。同时认为,滩地的淤积与洪水的来源关系密切,密西西比河上游春季融雪洪水较多,持续时间较长,一般挟带沙量较大,滩地淤积较多。另外,Bathurst(2003)通过定床和动床试验分析了顺直河道和弯曲河道滩地淤积的方式,认为顺直河道滩地淤积一般分布在滩坎附近,很少有泥沙进入滩地,且以一排一排小沙丘的形式存在。弯曲河道滩地淤积则主要是水流在曲流舌上部进入滩地,淤积部位约平行于河道横断面,淤积最强部位集中在弯顶下部的曲流舌上。刘月兰(1986)系统分析了黄河下游漫滩洪水交换的特点,认为黄河下游河道平面形态呈现宽窄相间的藕节型,水流自窄段进入宽段,泥沙自主槽进入滩地,滩地发生淤积;水流自宽段进入窄段,滩地较清的水流回归主槽,有助于泥沙的输送和冲刷。侯志军(2010)通过动床模型试验,认为黄河下游漫滩洪水主槽与滩地水沙交换模式,主要有三角形滩区交换模式及条形滩区交换模式。

随着测量手段以及大量的水文基础数据测量精度的提高,众多科技工作者,对于淤积量的定量分析开展了大量的研究工作。刘月兰(1986)利用黄河下游"多来多排"的输沙模式及武汉水院挟沙能力公式,结合马斯京根洪水演进方法,提出了黄河下游漫滩洪水滩槽冲淤计算方法。潘贤娣等(2006)利用漫滩洪水资料,考虑主槽冲刷量对滩地淤积量的影响,建立了滩地淤积计算公式。"十五"攻关(姚文艺等,2007)和"十一五"攻关(吴保生等,2010)对漫滩洪水分类均进行了深入研究,即按漫滩洪水洪峰流量 Q_{max} 与平滩流量 Q_p 比值 Q_{max}/Q_p 对漫滩洪水进行了分类,即小漫滩洪水、大漫滩洪水和高含沙洪水。大漫滩洪水是指漫滩洪水流量较大的洪水,洪峰流量大于平滩流量的 1.5 倍,即 $Q_{max}/Q_p >$ 1.5,且洪水过程中水流均漫上二滩,漫滩范围和漫滩水深都较大的洪水,这类洪水往往发生明显的淤滩刷槽现象。张原锋等(2006)对于高含沙洪水特别是含沙量大于 250～300 kg/m³ 的高含沙洪水,不但滩地会大量淤积,有时主槽也会淤积,出现滩淤槽淤的,主槽明显萎缩的情况。

以上对于漫滩洪水的冲淤特性众多科技工作者已做了大量研究,但其中还存在一些争议。有一些人认为大漫滩洪水"淤滩刷槽"对缓解黄河下游"二级悬河"现状,并提高河道输沙能力有较大功效。另外一些人认为,在洪水过程中淤滩与刷槽虽然同时发生,但它们之间并没有必然的联系(齐璞,2005)。随着 1986 年以来进入黄河下游的水沙的减少,河道整治工程的不断完善,大漫滩洪水的频次越来越少,小漫滩洪水的冲淤特性对黄河下游尤为重要。因此,本章将对黄河下游漫滩洪水类型进行重新划分,旨在深入研究滩地淤积量的时空分布特性,探讨主槽与滩地的冲淤关系,尤其是小漫滩洪水的冲淤特性,从而提高对多沙河流漫滩洪水泥沙冲淤特性的认识,为多沙河流漫滩洪水模拟提供技术依据,为多沙河流洪水的调控原则提供基础依据。

4.2.1　黄河下游滩地边界条件

黄河在孟津县白鹤段由山区进入平原,经华北平原,于山东垦利县注入渤海,河长878 km(见图 4-11)。黄河下游"水少沙多",使河床年均抬高 0.005～0.1 m,现河床已高出堤外 3～5 m,部分河段达 10 m 以上,并且仍在继续淤积,下游已成为"地上悬河"。黄河下游河道形态具有上宽下窄、上陡下缓、平面摆动大、纵向冲淤剧烈等特点。其中:①白鹤(小浪底大坝以下 20 km)至高村河段,河道长 299 km。左岸有沁河,右岸有伊洛河汇入。该河段堤宽 5～20 km,河宽水散,冲淤幅度大,沙洲出没无常,主流摆动频繁,河道相当宽浅,为典型的游荡型河段。典型断面的平面如图 4-11 所示。②高村至陶城铺河段,河道长 165 km。两岸堤距宽 1.2～8.9 km,左岸在长垣有天然文岩渠及台前有金堤河汇入,属于游荡向弯曲转变的过渡河段。③陶城铺以下至入海口,河道长 322 km。除南岸东平湖至济南宋庄为山岭外,其余均束缚于堤防之间。堤距宽 0.4～5 km。由于堤距窄且两岸整治工程控制较严,河槽比较稳定,河道比降为 1.0‰,断面较为窄深,属于弯曲型河型。

自然条件下,黄河下游的河道横断面一般由主槽、嫩滩(一级滩地)和滩地(二级滩地,即生产堤至大堤间部分)三部分组成(见图 4-12),主槽和嫩滩合称为河槽或中水河槽。主槽是河道排洪输沙的主体,嫩滩是主槽在摆动过程中滩地坍塌形成的,没有明显的滩地横比降,嫩滩范围内因植被稀少,阻力较小,亦具有较大的过流能力。滩地比较宽阔,由于历史原因,黄河下游南北大堤之间的滩地一直有耕地与村庄分布。目前,河南、山东两省的滩区,共有 15 个地(市)43 个县(区)1 924 个村庄的 180 万人口居住,耕地 375 万亩(25 万 hm²)(刘筹,2012)。由于滩地植被、村庄、道路等阻水建筑物的影响,过流能力较嫩滩和主槽小得多。20 世纪 60 年代初,黄河下游在没有修建生产堤和控导工程之前,滩区与中水河槽相连,洪水期水流和河槽内的水流基本上同步向下输移。由于滩槽水沙交换次数较多,大漫滩洪水则淤滩刷槽,滩地的大量淤积使得滩地横比降明显较小。滩地与主槽和嫩滩的区别主要在于滩地阻力较大,综合曼宁糙率系数一般在 0.025～0.04,为主槽的 3～4 倍,为嫩滩的 1.5 倍。但随后由于三门峡水库下泄清水,河势变化剧烈,险情

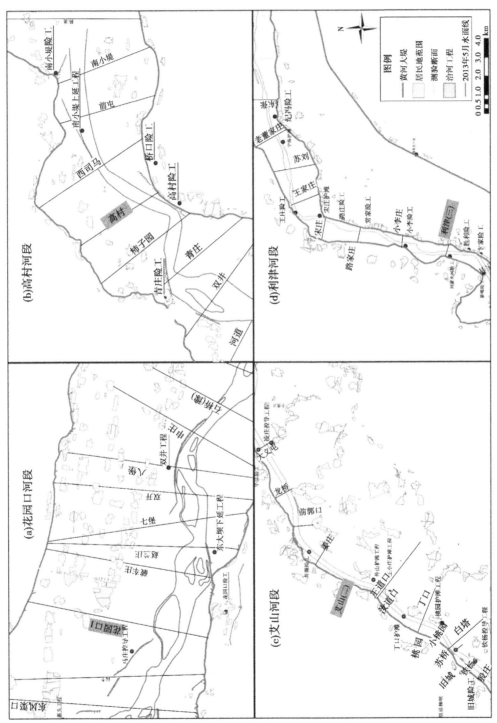

图 4-11 黄河下游典型河段平面图（注：艾山河段因右岸为较高的山体，因此没有黄河大堤）

严重,塌滩迅速,导致了 20 世纪 60 年代后期开始的河道整治快速发展,一直延续到 1974年(端木礼明,2002)。1974 年后建设步伐有所放慢。1986~1989 年受国家投资建设的限制,河道整治工程修建较少,1990 年后随着国家对河道整治工程的重视,投资明显增加。1998 年"三江"发生了有史以来最大超标准洪水,国家进一步加大了对水利的投资力度。至 1999 年大部分河道整治工程已初步完善。大规模河道整治工程和生产堤的修建,使得滩区边界条件发生了巨大变化。泥沙沿横向的淤积分布也发生了较大变化,由于生产堤和河道整治工程的修建,漫滩洪水进入二滩机会减少,滩地淤积则主要集中在生产堤之间,而生产堤以外至大堤之间淤积量不大。

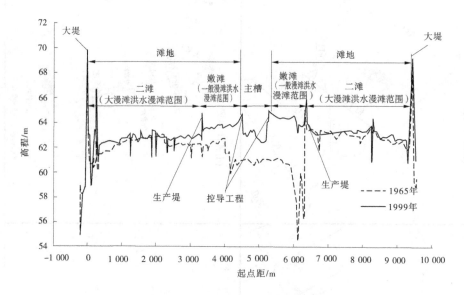

图 4-12　黄河下游典型横断面示意图

4.2.2　黄河下游漫滩洪水分类

黄河泥沙主要由洪水输送,洪水期下游河道冲淤变化剧烈,特别是漫滩洪水,主槽形态往往发生大的调整,是塑造主槽的主要动力之一。不同漫滩程度的洪水黄河下游主槽塑造特点也各不相同。大漫滩洪水,虽然会给下游沿岸滩区造成一定的灾害,但是也往往会出现"淤滩刷槽"的现象,使得主槽平滩流量大幅度增加,常有"大水出好河"之说。因此,漫滩洪水虽然会给沿岸滩区造成一定的灾害,但是在处理黄河下游泥沙、改善泥沙淤积分布方面却有不可替代的作用。一般情况下,漫滩洪水有两种分类方法(姚文艺,2007),即按照漫滩洪水洪峰流量 Q_{max} 与平滩流量 Q_p 比值 Q_{max}/Q_p 对漫滩洪水进行了分类。小漫滩洪水指 $Q_{max}/Q_p \leqslant 1.5$ 的洪水,大漫滩洪水则指 $Q_{max}/Q_p > 1.5$ 的洪水。另外一种是从漫滩程度来分,小漫滩洪水是洪峰流量小,洪水过程中水流漫上嫩滩和小部分二滩(如图 4-12 所示),漫滩范围和漫滩水深都不大的洪水。大漫滩洪水是指洪水流量大,洪水过程中水流均漫上二滩,且漫滩范围和漫滩水深都较大的洪水,这类洪水往往发生大量的冲刷或淤积。当然也有些学者从含沙量上对洪水进行分类(张原锋,2006)。本书中,首先从漫滩系数 Q_{max}/Q_p 进行分类,但考虑到平滩流量也是一个主观性的参数,因此在漫滩系数分类的基础上,再根据实际洪水漫滩淤积范围进行修正,最后得到小漫滩洪水和大漫滩洪水的划分。

若以花园口洪峰流量大于平滩流量的洪水为黄河下游漫滩洪水,且考虑黄河下游的洪水沿程传播(有些洪水在花园口是两场,随着往下游传播则合为一场),并以 $Q_{max}/Q_p >$ 1.5 为大漫滩洪水, $Q_{max}/Q_p ≤ 1.5$ 为小漫滩洪水,则 1950~1999 年黄河下游共发生漫滩洪水约 44 场(见图 4-13),大漫滩洪水约 16 场,小漫滩洪水约 28 场。漫滩洪水的类型与洪水持续时间有关,有些洪水虽然 $Q_{max}/Q_p > 1.5$,但持续时间较短,其漫滩范围并不大,二滩并没有大量淤积。因此,若以实际洪水的漫滩范围来划分,即二滩发生大量淤积的才划分为大漫滩,则大漫滩洪水场次为 12 场(见表 4-6),而小漫滩洪水则为 31 场(见表 4-7)。

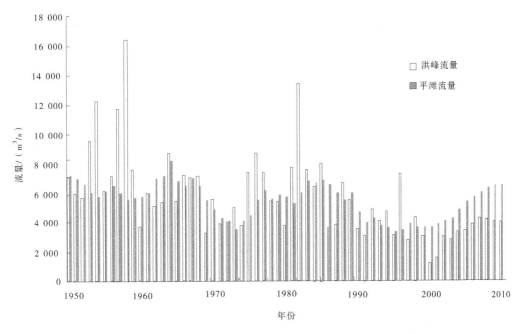

图 4-13　花园口站 1950~1999 年漫滩洪水洪峰流量和平滩流量对比

1950~1999 年共发生的 12 场大漫滩洪水,平均 3.2 年一场,且均发生在 1986 年前,其中三门峡水库修建前占到一半。三门峡水库修建后,水库对水沙进行了拦蓄。三门峡水库下泄清水,使得下游河势发生剧烈变化,加快了河道整治工程的快速发展。随着河道整治工程和生产堤的修建,大漫滩洪水的概率较以前减少。1965~1973 年三门峡水库"蓄清排浑"运用,大量泥沙淤积在河道,河道平滩流量进一步减小,因此 1974~1985 年,漫滩洪水平均 0.42 年 1 场。1986 年之后,进入下游的来水来沙普遍减小,漫滩洪水发生的概率进一步减小,仅 1996 年 1 场。

1950~1999 年共发生小漫滩洪水 31 场,如表 4-7 所示,平均 1.6 年一场。其中 1950~1959 年共发生 9 场;1960~1964 年发生的小漫滩洪水较少,仅 1964 年 1 场;1965~1973 年发生 4 场;1974~1985 年发生 11 场;1986~1999 年则发生了 7 场。可以看出,在 20 世纪 50 年代,洪水比较丰沛,小漫滩洪水也较多,平均 0.83 年发生 1 场。1960~1964 年三门峡水库下泄清水,河道展宽下切,河道的排洪能力也不断增强,再加上三门峡水库的调控,漫滩洪水则较少。1965~1973 年由于前期的清水冲刷的影响,在一个较大的平滩流量前提下,小漫滩洪水次数较少,平均 2.3 年 1 场。1974~1999 年,小漫滩洪水约 1.4 年 1 场。可以看出,1960 年后漫滩洪水的次数相比天然情况下(1960 年前)均有所减少。

表 4-6 不同洪峰同历时同水量洪水输沙能力对比

序号	年份	起止日期 (月-日)	洪峰流量/ (m³/s)	相应日期 (月-日)	相应含沙量/ (kg/m³)	平滩流量/ (m³/s)	$(Q_{max}-Q_p)$/ (m³/s)	Q_{max}/Q_p
1	1953	07-30~08-13	12 300	08-04		6 000	6 300	1.78
2	1953	08-15~09-01	8 406	08-28		6 000	2 410	1.40
3	1954	08-03~08-25	15 000	08-05	34.5	5 800	9 200	2.59
4	1954	08-28~09-09	11 000	09-05		5 800	5 200	1.90
5	1957	07-17~07-23	13 000	07-19	46.1	6 000	7 000	2.17
6	1958	07-16~07-21	22 300	07-18	96.6	5 620	16 680	3.97
7	1975	09-18~10-21	7 580	10-02	42.7	4 500	3 080	1.68
8	1976	08-24~09-05	9 210	08-27	47.0	5 510	3 700	1.67
9	1977	08-04~08-11	10 800	08-08	437.0	6 200	4 600	1.74
10	1981	09-03~09-16	8 060	09-10	41.7	5 320	2 740	1.52
11	1982	07-31~08-06	15 300	08-02	38.7	6 000	9 300	2.55
12	1996	07-30~08-22	7 860	08-05	58.4	3 500	4 360	2.25

4.2.3 漫滩洪水冲淤规律

4.2.3.1 大漫滩洪水冲淤规律

漫滩洪水全断面的冲淤量(主槽、嫩滩和滩地淤冲积量之和)采用输沙率法计算,即确定河段的进口一段时间内的输沙量减去出口河段的输沙量,也是该河段在该时间段内的冲淤量。滩地的冲淤量则采用断面法计算,即利用汛前汛后套汇,计算出滩地的冲淤,然后利用全断面冲淤量减去嫩滩和滩地的淤积量即为主槽的冲淤量。因断面法和输沙率法在不同河段的冲淤量存在不同程度的差异(申冠卿,2006),其中花园口以上河段输沙率法偏大,花园口至高村河段输沙率法接近断面法,而高村至艾山河段输沙率法结果偏小,艾山至利津河段两种方法接近。冲淤量计算,断面法不存在累积性误差,求得的结果基本可以真实反映实际,因此要对输沙率资料进行修正,即利用"修正爱因斯坦全沙计算程序"(李松恒,1994),计算出黄河下游花园口站、高村站、艾山站、利津站修正后的全沙输沙率。

表 4-7 1950~1999 年花园口水文站小漫滩洪水

序号	年份	起止日期 （月-日）	洪峰流量/ （m³/s）	相应日期 （月-日）	相应含沙量/ （kg/m³）	平滩流量/ （m³/s）	$(Q_{max}-Q_p)$/ （m³/s）	Q_{max}/Q_p
1	1951	08-16~08-23	9 220	08-17		7 000	2 220	1.32
2	1955	09-08~10-05	6 800	09-19	41.0	6 170	630	1.10
3	1956	07-31~08-15	8 360	08-05	23.4	6 520	1 840	1.28
4	1956	06-24~07-02	7 580	06-27	32.0	6 520	1 060	1.16
5	1958	07-05~07-10	7 910	07-07	55.6	5 620	2 120	1.38
6	1958	07-25~07-28	7 130	07-26	51.0	5 620	1 380	1.25
7	1958	07-30~08-07	8 280	08-04				
8	1959	08-01~08-12	7 680	08-08	175.0	5 700	1 980	1.35
9	1959	08-12~09-12	9 480	08-23	172.0	5 700	3 780	1.66
10	1959	07-21~07-29	6 320	07-24	80.0	5 700	620	01-11
11	1964	07-17~08-08	9 430	07-28	44.7	8 200	1 230	1.15
12	1966	07-21~08-14	8 480	08-01	134.0	6 500	750	1.12
13	1968	09-04~10-29	7 180	10-14		6 500	680	1.10
14	1970	08-26~09-08	5 830	08-31	129.0	4 900	930	1.19
15	1971	07-24~07-31	5 040	07-28	192.0	4 300	740	1.17
16	1973	08-26~09-05	5 890	09-03	348.0	3 560	2 330	1.65
17	1975	07-20~08-04	5 490	08-01	180.0	4 500	990	1.22
18	1975	08-04~08-20	5 660	08-10	31.7	4 500	1 160	1.26
19	1977	07-07~07-16	8 100	07-09	470.0	6 200	1 900	1.31
20	1977	08-02~08-14	7 320	08-04	86.9	6 200	1120	1.18
21	1979	08-10~08-22	6 660	08-14	108.0	5 900	760	1.13
22	1981	09-24~10-12	7 030	09-30	21.5	5 320	1 710	1.32
23	1982	08-12~08-19	6 820	08-15	49.9	6 000	820	1.14
24	1983	07-26~08-10	8 180	08-02	33.6	6 800	1 380	1.20
25	1985	09-14~09-24	8 260	09-17	52.2	6 900	1 360	1.20
26	1988	08-06~08-25	7 000	08-21	44.9	5 500	1 500	1.27
27	1992	08-10~08-19	6 430	08-16	245.0	4 300	2 130	1.50
28	1993	07-31~08-14	4 300	08-07	143.0	3 800	500	1.13
29	1994	08-12~08-19	5 170	07-01	41.8	3 700	1 470	1.40
30	1994	08-06~08-10	6 300	08-08	209.0	3 700	2 600	1.70
31	1998	07-09~07-25	4 700	07-16	147.0	3 700	1 000	1.27

　　下面根据 1950~1999 年的 12 场典型大漫滩洪水资料（潘贤娣，2006），对大漫滩洪水冲淤规律进行深入分析。如表 4-8 和图 4-14 所示，可以看出，当来沙系数 $S/Q>$

表 4-8 黄河下游大漫洪滩水滩槽冲淤量（潘贤娣，2006）

序号	时间（年-月-日）	花园口 洪峰流量/(m³/s)	花园口 水量/亿m³	花园口 沙量/亿t	花园口 含沙量/(kg/m³)	平均来沙系数/$(kg \cdot s/m^6)$	花园口—艾山/亿t 主槽	花园口—艾山/亿t 滩地	花园口—艾山/亿t 全断面	艾山—利津/亿t 主槽	艾山—利津/亿t 滩地	艾山—利津/亿t 全断面	花园口—利津/亿t 主槽	花园口—利津/亿t 滩地	花园口—利津/亿t 全断面
1	1953-07-26~08-14	12 320	68.0	3.0	44.2	0.011	-1.79	2.2	0.41	-1.21	0.83	-0.38	-3.00	3.03	0.03
2	1953-08-15~09-01	8 406	45.8	5.8	126.4	0.043	1.06	1.03	2.09	0.43	0.00	0.43	1.49	1.03	2.52
3	1954-08-02~08-25	15 000	123.2	5.9	47.9	0.010	-3.34	3.43	2.26	-0.91	1.47	0.56	-2.08	4.90	2.82
	1954-08-28~09-09	12 300	64.7	6.3	97.7	0.017	2.17								
4	1957-07-12~08-04	13 000	90.2	4.7	51.7	0.012	-3.23	4.66	1.43	-1.1	0.61	-0.49	-4.33	5.27	0.94
5	1958-07-13~07-23	22 300	73.3	5.6	76.5	0.010	-7.10	9.2	2.10	-1.5	1.49	-0.01	-8.60	10.69	2.09
6	1975-09-29~10-05	7 580	37.7	1.5	39.4	0.006	-1.42	2.14	0.72	-1.26	1.25	-0.01	-2.68	3.39	0.71
7	1976-08-25~09-06	9 210	80.8	2.9	35.4	0.005	-0.11	1.57	1.46	-0.95	1.24	0.29	-1.06	2.81	1.75
8	1981-09-24~10-12	7 760	83.1	1.8	21.2	0.004	-2.67	2.46	-0.21	-0.36	0.21	-0.15	-3.02	2.66	-0.36
9	1982-07-30~08-09	15 300	61.1	2.0	32.6	0.005	-1.54	2.17	0.63	-0.73	0.39	-0.34	-2.27	2.56	0.29
10	1977-07-06~07-15	8 100	33.1	7.4	223.6	0.058	0.14	5.92	6.06	4.88	0.52	5.4	5.02	6.44	11.46
	1977-08-04~08-11	10 800	27.8	8.4	302.2	0.075									
11	1988-08-11~08-26	7 000	65.1	5.0	76.7	0.016	-1.05	1.53	0.48	-0.25	0	-0.25	-1.30	1.53	0.23
12	1996-08-03~08-15	7 860	44.6	3.4	76	0.019	-1.5	4.40	2.9	-0.11	0.05	-0.06	-1.61	4.45	2.84
合计			898.5	63.6									-21.19	46.66	25.48

注：表中的滩地指的是滩唇至大堤之间的距离，即嫩滩加二滩的淤积。

0.034 kg·s/m⁶ 时,基本上主槽和滩地同时发生淤积,如"1953-08-15~09-01""1977-08-04~
08-11"和"1977-07-06~07-15"的3场洪水。而当来沙系数 $S/Q ≤ 0.034$ kg·s/m⁶ 时,均存
在槽冲滩淤的情况,如1958年花园口洪峰流量22 300 m³/s,花园口—利津河段主槽冲刷
8.60亿t,滩地淤积10.69亿t。又如1975年洪峰流量7 580 m³/s,虽然流量小,由于前期
河床淤积较多(1965~1973年三门峡水库滞洪拦沙),平滩流量减小,当水流漫滩后,仍然
发生槽冲滩淤,花园口—利津河段主槽冲刷4.77亿t,滩地淤积5.62亿t。其中,花园
口—艾山河段主槽冲刷3.32亿t,滩地淤积4.1亿t,艾山—利津河段主槽冲刷1.45亿t,
滩地淤积1.52亿t。可见,整个花园口—利津河段,其漫滩洪水的槽冲滩淤现象是十分明
显的。漫滩洪水具有削减洪峰、滞蓄洪量,并存在槽冲滩淤的基本规律。根据上述规律,
可以认为在下游防洪安全许可范围内,对漫滩洪水应不要控制或少加控制,使泥沙尽量淤
积在滩地上,水库只拦蓄为数不多的、对下游危害较大的大沙峰,这样有利于库区和下游
河道。

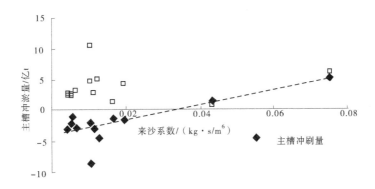

图4-14 大漫滩洪水主槽冲刷量、滩地淤积与来沙系数的关系

下面仅对大漫滩洪水中,来沙系数小于0.034 kg·s/m⁶ 的大漫滩洪水分析其滩地淤积
量和主槽冲刷量与各影响因素的定量关系。根据10场漫滩洪水($S/Q ≤ 0.034$ kg·s/m⁶)
点绘出花园口—利津河段滩地淤积量与主槽冲刷量关系(见图4-15)。可以看出,滩地淤
积越多,主槽冲刷越多,主槽冲刷量是滩地淤积量的46%~99%。

大漫滩洪水中滩地的淤积量可以用上滩水量和滩地淤积的含沙量计算得出。在根据
实测资料建立关系时,需要对上述因素进行处理。由前述分析得知,滩地挟沙能力非常
低,泥沙绝大部分淤积下来,因此滩地淤积含沙量以洪水期含沙量 S 代表,上滩水量以平
滩流量以上的水量 W_0 代表,用洪水的漫滩程度代表指标漫滩系数(洪峰流量与平滩流量
之比 Q_{max}/Q_p)进行修正。因黄河下游实际滩地的地形相当复杂,除了自然滩唇,还有控
导工程、生产堤以及渠道、道路等,因此要精确表达上滩水量 W_0 是比较困难的。这里对
于大漫滩洪水冲淤的影响因素,仅从可操作且具有实际意义的角度选取,因此用大于平滩
流量水量来作为上滩水量 W_0,洪水期含沙量 S 代表滩地含沙量,难免会与实际的情况有
误差。

由各单因子与滩地淤积量的关系(见图4-16~图4-18)可以看出,漫滩系数对滩地淤
积量的影响最大,随着漫滩程度的增加,滩地淤积量不断增大;上滩水量与滩地淤积量也

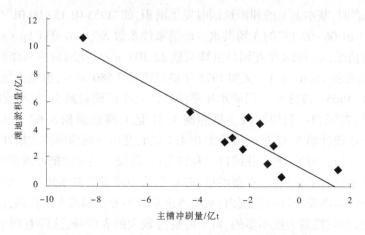

图 4-15　花园口—利津河段滩地淤积量与主槽冲刷量关系

存在一定的关系,上滩水量越大,则滩地淤积量越大;平均含沙量越大,则滩地淤积量也较大。

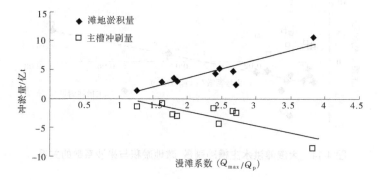

图 4-16　漫滩系数与滩地淤积量和主槽冲刷量关系

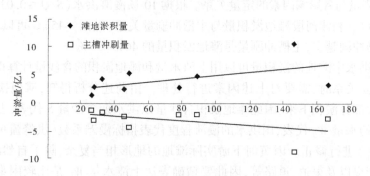

图 4-17　大于平滩流量水量与滩地淤积量和主槽冲刷量关系

综合以上各单因子回归得到黄河下游滩地淤积量的综合关系式:

$$C_{sn} = 0.1 W_0^{0.25} S^{0.4} (Q_{max}/Q_p)^{1.13} \tag{4-5}$$

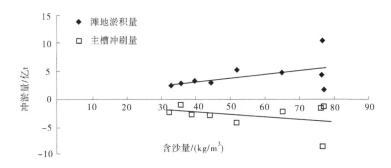

图 4-18　平均含沙量与滩地淤积量和主槽冲刷量关系

式中：C_{sn} 为滩地淤积量，亿 t；S 为洪水期平均含沙量，kg/m³；W_0 为大于平滩流量的水量，亿 m³；Q_{max}/Q_p 为漫滩系数；Q_{max} 为洪峰流量，m³/s；Q_p 为平滩流量，m³/s；相关系数 $R^2 = 0.85$。

大漫滩洪水的主槽冲刷量主要与洪水期的水量和沙量有关。随着水量的增加，主槽的冲刷不断增大，当水量相近时，沙量越大则主槽冲刷量越小。当然也有个别例外情况，例如 1958 年 7 月的洪水，沙量为 5.6 亿 t，主槽冲刷也较大，说明还有其他因素的影响。分析表明，漫滩洪水主槽冲刷效果之所以较不漫滩洪水好，原因就在于漫滩水流在滩地泥沙落淤后清水回归主槽增大主槽的冲刷量。因此，滩地落淤程度也对主槽冲刷有较大影响。这里把滩地淤积因子用式(4-5)中的 $W_0^{0.25}S^{0.4}(Q_{max}/Q_p)^{1.13}$ 表示，建立主槽冲刷量与滩地淤积因子的关系如图 4-19 所示，可以看出，滩地淤积越多，则主槽冲刷越多。

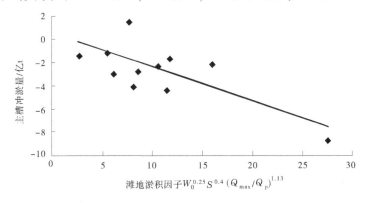

图 4-19　主槽冲刷量与滩地淤积因子的关系

综合洪水的水沙量和滩地淤积这三个因子，回归得到了主槽冲刷量的计算公式：

$$C_{sp} = -0.054 - 0.003W + 0.248W_s - 0.103W_0^{0.25}S^{0.4}(Q_{max}/Q_p)^{1.13} \qquad (4-6)$$

式中：C_{sp} 为主槽冲刷量，亿 t；W 为洪水期水量，亿 m³；W_s 为洪水期沙量，亿 t；相关系数 $R^2 = 0.81$。

以上两个公式均能较好地计算主槽冲刷与滩地淤积，计算值与实测值符合较好。

4.2.3.2　小漫滩洪水冲淤规律

由于大断面资料的限制，同时滩地的淤积量仅能用汛前汛后两次断面法求得。因此，凡是同年汛期出现好几场洪水的情况,只能合为一场洪水来计算。最终可分出滩地淤积量的洪水仅 13 场,现列出小漫滩洪水冲淤计算的结果,如表 4-9 所示。可以看出,小漫滩洪水滩地淤积主要集中在嫩滩,个别洪水二滩也有淤积,但相对较少。其中主槽淤积量与滩地淤积量的分布情况,如图 4-20 所示,当洪水期来沙系数 $S/Q \leqslant 0.016$ kg·s/m^6 时,主槽冲刷而滩地淤积;当 $S/Q > 0.016$ kg·s/m^6 时,主槽和滩地同时发生淤积。同时主槽的冲淤量与洪水期来沙系数 S/Q 关系密切,如图 4-21 所示,来沙系数越小,则主槽趋于冲刷;来沙系数越大,则主槽淤积量越大。除与来沙系数关系密切外,洪水期水量对于主槽的冲刷量影响也较大。基于以上分析,建立了主槽冲刷量与来沙系数和洪水期水量的关系式:

表 4-9 黄河下游小漫滩洪水滩槽冲淤量

时间 (年-月-日)	洪峰 流量/ (m^3/s)	水量/ 亿 m^3	沙量/ 亿 t	含沙量/ (kg/m^3)	来沙系数/ (kg·s/m^6)	平滩 流量/ (m^3/s)	冲淤量/亿 t				
							主槽	滩地	嫩滩	二滩	全断面
1966-07-21~08-14	8 480	78.1	7.80	99.9	0.028	6 500	0.93	0.43	0.33	0.09	1.36
1968-09-04~10-29	7 180	189.8	5.10	26.9	0.007	6 500	-2.04	0.56	0.48	0.08	-1.48
1970-08-26~09-08	5 580	38.1	4.13	108.4	0.034	4 900	0.01	1.33	1.15	0.18	1.34
1971-07-26~07-30	3 910	9.9	1.39	140.4	0.061	4 300	1.25	0.57	0.56	0.01	1.82
1972-09-01~09-08	4 030	17.5	0.7	40.0	0.016	4 110	-1.05	0.70	0.63	0.07	-0.34
1973-08-26~09-05	5 050	31.8	6.98	219.5	0.066	3 560	0.81	2.86	2.56	0.31	3.67
1983-07-29~08-10	7 580	55.4	1.33	24.0	0.005	6 800	-0.24	0.35	0.32	0.03	0.10
1985-09-15~09-24	7 920	43.1	1.77	41.1	0.008	6 900	-0.92	0.58	0.57	0.02	-0.33
1989-07-23~07-27	5 480	14.1	1.73	122.7	0.038	6 000	0.53	0.60	0.60	0	1.13
1992-08-10~08-19	4 850	24.9	4.54	182.3	0.063	4 300	2.99	1.65	1.65	0	4.64
1994-08-06~08-10	6 300	11.4	2.40	210.5	0.080	3 700	2.50	0.68	0.65	0.03	1.59
1994-08-12~08-19	5 170	17.9	3.20	178.8	0.069	3 700					1.60

$$C_{sp} = 4.61 + 1.07\ln\left(\frac{S}{Q}\right) - 0.003W \tag{4-7}$$

式中:C_{sp} 为主槽冲淤量,亿 t;S 为洪水期平均含沙量,kg/m^3;Q 为洪水期平均流量,m^3/s;W 为洪水期水量,亿 m^3;相关系数 $R^2 = 0.70$。

而小漫滩洪水滩地的淤积量,由于洪水上滩范围有限,其淤积量相对大漫滩洪水较小。因此,在上滩水量和沙量均较小的情况下,从图 4-22 可以看出,滩地淤积量与含沙量关系密切,即含沙量越大,则滩地淤积量越大。基于以上分析,建立了滩地淤积量与洪水期含沙量的关系式:

$$C_{sn} = -5.46S^2 - 0.013\,8S + 0.920\,8 \tag{4-8}$$

式中:C_{sn} 为滩地淤积量,亿 t;S 为洪水期平均含沙量,kg/m^3;相关系数 $R^2 = 0.44$。

4.2.3.3 漫滩洪水与非漫滩洪水冲淤规律对比

根据水文年鉴,选取了黄河下游 1951~2004 年共 171 场黄河下游非漫滩洪水,对其

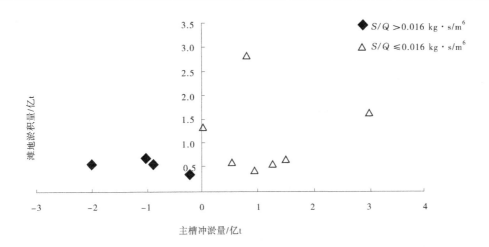

图 4-20　小漫滩洪水主槽冲刷量与滩地淤积量关系

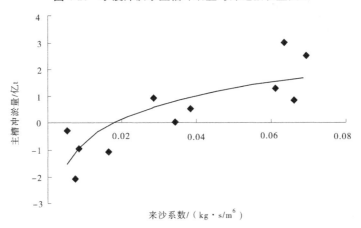

图 4-21　小漫滩洪水主槽冲刷量与来沙系数关系

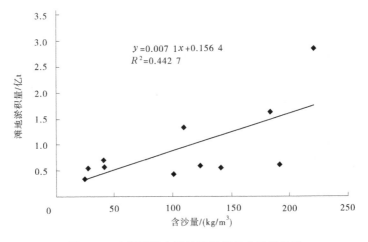

图 4-22　小漫滩洪水滩地淤积量与含沙量关系

冲淤规律进行分析,其中冲淤用单位水量冲淤量(单位来水所产生的冲淤量)来表征。分析发现,非漫滩洪水的冲淤效率与含沙量关系非常密切,如图4-23所示。而小漫滩洪水,可以看出,主槽和滩地的冲淤效率分布,均比较靠近非漫滩洪水的点群,即非漫滩洪水的冲淤规律接近非漫滩洪水。而大漫滩洪水,除两场淤滩淤槽的大漫滩洪水外,其余主槽与滩地的冲淤效率则偏离非漫滩洪水,即滩地淤积量越大,则主槽冲刷量越大。

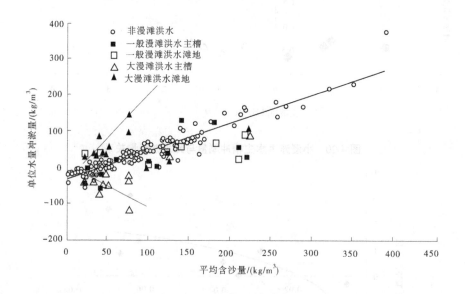

图 4-23　漫滩洪水与非漫滩洪水规律对比

4.2.4　漫滩洪水冲淤沿程分布特点分析

大漫滩洪水滩地沿程的冲淤分布如图4-24所示,可以看出,滩地的淤积大部分集中在孙口以上,其中1975年、1976年、1977年、1982年、1988年和1996年分别约占全下游淤积量的69%、52%、100%、96%、100%和84%。泺口—利津河段也有少部分淤积,约占全下游的25%、24%、0、1%、0和16%。孙口—艾山河段滩地淤积量最少,仅1976年有少量淤积。滩地中嫩滩的淤积量沿程分布与整个滩地规律相同,即淤积主要分布在孙口以上,且嫩滩的淤积量占整个滩地的58%。大漫滩洪水大部分情况下主槽发生冲刷,冲刷主要集中在花园口—孙口河段,如图4-25所示,花园口—孙口河段的冲刷量分别占全下游主槽冲刷量的57%、61%、92%、225%、1 170%和57%。

小漫滩洪水滩地冲淤量沿程分布如图4-26所示,沿程淤积分布与大漫滩洪水相同,即滩地淤积大部分集中在孙口以上,这12场洪水约94%的淤积量集中在孙口以上,而孙口以下河段,滩地基本不淤积。孙口以上河段嫩滩淤积量占滩地淤积量的78%,即大部分滩地淤积都集中在嫩滩,少部分淤在生产堤与大堤之间的二滩。小漫滩洪水主槽有冲有淤(见图4-27),孙口以上河段冲刷和淤积量均较大,而孙口以下则幅度较小。

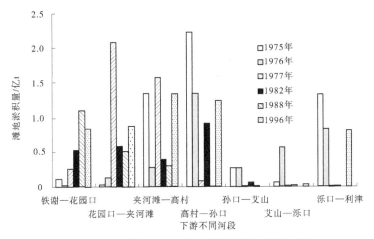

图 4-24 大漫滩洪水滩地不同河段淤积沿程分布

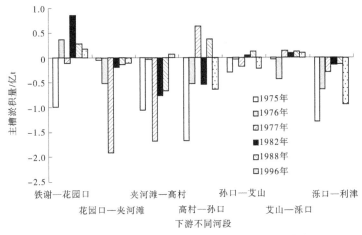

图 4-25 大漫滩洪水主槽不同河段冲淤沿程分布

滩地的淤积主要集中在孙口以上,主要与滩地关系宽度较大。首先,孙口以上河段滩地范围较宽广,如图 4-28 所示,孙口以上河段两岸大堤距离均在 6 km 以上,最宽可达 15.4 km。而孙口以下河段,两岸大堤距离大部分在 6 km 以下,平均堤距约 2.7 km。因此,并没有大量的空间可供漫滩洪水淤积。其次,高村以上河段河道的断面形态宽深比较大,河道较孙口以下宽浅,水流容易漫滩。同时其位于平原河流的上段,水流先在上段进行冲淤调整和河道滞洪,待洪水经调整之后,洪峰流量已经削减,且泥沙已经大量落淤,因此进入孙口的洪峰和泥沙均有所减少。所以,综合以上两点,孙口以下河道滩地的淤积较少,下游漫滩洪水的淤积则主要分布在孙口以上河段。

4.2.5 漫滩洪水在河道长时期淤积抬升中的作用

20 世纪 50 年代进入黄河下游的水沙均很丰沛,年均水量为 467.5 亿 m³,年均沙量为 16.98 亿 t,其中 1958 年水沙量为最大年份,年水量为 643.8 亿 m³,年沙量为 31.18 亿 t。

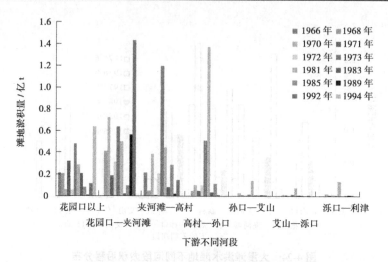

图 4-26　小漫滩洪水滩地淤积量沿程分布

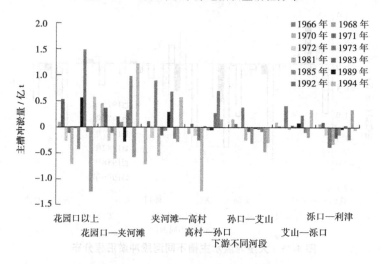

图 4-27　小漫滩洪水主槽冲淤量沿程分布

1950~1960 年,大漫滩洪水较多,共 6 场,且最大洪峰流量均超过 10 000 m³/s,尤其是 1958 年发生的百年一遇洪水,洪峰流量达 22 300 m³/s。同时,该时期黄河下游没有大量地修建生产堤和控导工程,在大漫滩洪水期间,主槽水流可以大量进入滩地,淤积主要发生在滩地,而主槽发生冲刷。1950 年 7 月至 1960 年 6 月的冲淤分布的具体情况如表 4-10 所示,其中铁谢—利津河段全断面淤积 2.79 亿 m³,主槽淤积 0.80 亿 m³,滩地淤积 1.99 亿 m³,主槽和滩地淤积约占全断面的 29% 和 71%,即该时期主槽略有淤积,淤积主要集中在滩地上。另外,从 3 000 m³/s 同流量水位的变化上(见图 4-29),可以看出 20 世纪 50 年代孙口以下河段主槽抬升不明显,淤积较少。这与表 4-10 用断面法计算的主槽冲淤量趋势相同,主槽的淤积均集中在高村或是孙口以上。高村以上河段较宽浅,且滩区与主槽之间没有较大障碍物(生产堤或控导工程),因此高村以上河段的滞沙功能比较强大,所以进入高村以下河段的沙量就相对较小,河道淤积较小。1960~1964 年则在 20 世纪 50

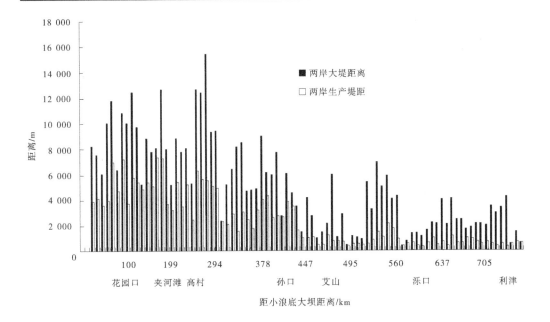

图 4-28　黄河下游大堤及生产堤距沿程变化

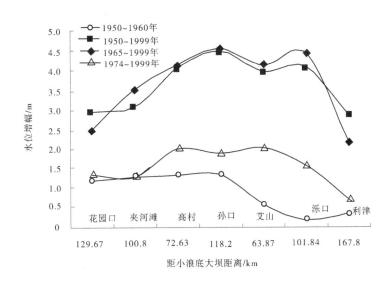

图 4-29　3 000 m³/s 同流量水位变幅

年代的基础上,进一步发生了冲刷。自 1958 年后,黄河下游开始陆续修建大规模的生产堤,进行河道整治,从而使得滩区边界条件发生了巨大变化。由于三门峡水库的运用方式和天然来水来沙的影响,1965 年以后河道整体处于淤积抬高的趋势,个别时期河道发生冲刷。同时生产堤和河道整治工程的修建,漫滩洪水进入二滩机会减少,泥沙沿横向的淤积分布也发生了较大变化,淤积则主要集中在两岸生产堤之间或整治工程之间的滩地,而生产堤以外至大堤之间淤积量不大,滩地横比降加大。

分析 1965~1999 年淤积量沿横向分布(见表 4-11),结果表明,全断面共淤积 50. 10 亿 m³,主槽淤积 35. 34 亿 m³,占全断面的 71%;滩地淤积 9. 17 亿 m³,占全断面的 18%;生产堤以外至大堤间的淤积仅 9. 17 亿 m³,约占全断面淤积量的 18%,且这部分淤积主要发生在大漫滩洪水期间。

表 4-10　20 世纪 50 年代黄河下游各河段年均冲淤横向分布比例(1950 年 7 月至 1960 年 6 月)

河段	各部分年均冲淤量/亿 m³			各部分占全断面百分比/%		
	主槽	滩地	全断面	主槽	滩地	全断面
铁谢—花园口	0.44	0.21	0.66	67	33	100
花园口—高村	0.21	0.76	0.98	22	78	100
高村—艾山	0.14	0.70	0.84	16	84	100
艾山—利津	0.01	0.31	0.32	2	98	100
铁谢—利津	0.80	1.99	2.79	29	71	100

从冲淤厚度(见表 4-12)来看,主槽的淤积厚度约 2. 55 m,嫩滩为 1. 18 m,滩地的淤积厚度仅 0. 45 m。其中 1965~1973 年和 1986~1999 年河道处于典型的持续淤积抬升时期。1965~1973 年铁谢至利津共淤积 23. 71 亿 m³,生产堤至大堤之间仅 1. 12 亿 m³,占全断面的 5%,淤积主要发生在河槽内。1986~1999 年,全断面共淤积 22. 38 亿 m³,生产堤至大堤间仅 1. 58 亿 m³,占全断面的 7%,淤积主要发生在河槽内,其中主槽淤积 19. 13 亿 m³,占全断面的 85%。而 1974~1985 年河道有冲有淤,整体来讲主槽冲刷 4. 45 亿 m³,嫩滩淤积 1. 99 亿 m³,淤积大部分发生在滩地,约 6. 13 亿 m³。

从淤积速率(见表 4-12)上看,生产堤外滩地的淤积速率约 0. 013 m/年,其中淤积速率最高的河段集中在花园口—高村之间,约 0. 016 m/年。花园口以上,由于滩地中的老滩是 1855 年铜瓦厢决口后河道发生溯源冲刷所形成的滩地,高程较高,滩地很少上水,因此滩地的淤积速率较低,约 0. 005 m/年。高村以下,尤其陶城铺以下,由于滩地较窄,所以淤积速率为 0. 013~0. 014 m/年。花园口以下河段嫩滩的淤积速率,则主要集中在 0. 037~0. 045 m/年,花园口以上仅 0. 009 m/年。

在 1965~1999 年,生产堤至滩地的淤积主要发生在大漫滩洪水,大漫滩洪水的冲淤分布如表 4-13 所示。自 1950 年来黄河下游的大漫滩洪水共有 12 场,1958 年前 6 场,1958~1999 年共 5 场,还有 2002 年 1 场。其中 1965~1999 年分别是 1975 年 9 月洪水、1976 年 8 月洪水、1982 年 8 月洪水、1988 年 8 月洪水和 1996 年 8 月洪水。大部分大漫滩洪水在此期间主要是淤滩刷槽,即主槽发生冲刷,而淤积则主要集中在嫩滩和生产堤以外的滩地上。1974~1999 年,这 5 场大漫滩洪水生产堤以外滩地总淤积量为 6. 51 亿 m³,约占 1974~1999 年生产堤以外滩地淤积量 7. 71 亿 m³ 的 84%。

表 4-11 1965～1999 年不同时期各河段横向冲淤分布比例

时段	河段	冲淤量/亿 m³					百分比/%			
		主槽	嫩滩	生产堤以内	滩地	全断面	主槽	嫩滩	生产堤以内	滩地
1965～1973	铁谢—花园口	4.27	0.4	4.67	0.11	4.78	89	8	98	2
	花园口—高村	9.11	1.44	10.55	0.93	11.48	79	13	92	8
	高村—艾山	4.41	0.1	4.51	0.07	4.58	96	2	98	2
	艾山—利津	2.87	0	2.87	0	2.87	100	0	100	0
	铁谢—利津	20.66	1.93	22.59	1.12	23.71	87	8	95	5
1974～1985	铁谢—花园口	-3.47	-0.54	-4	0.21	-3.8	91	14	105	-5
	花园口—高村	-1.37	0.93	-0.44	2.11	1.66	-82	56	-27	127
	高村—艾山	1.18	1.42	2.6	2	4.6	26	31	57	43
	艾山—利津	-0.79	0.18	-0.62	1.81	1.19	-66	15	-52	152
	铁谢—利津	-4.45	1.99	-2.46	6.13	3.67	-121	54	-67	167
1986～1999	铁谢—花园口	4.18	0.62	4.8	0.38	5.18	81	12	93	7
	花园口—高村	8.48	1.02	9.5	0.6	10.1	84	10	94	6
	高村—艾山	3.17	0.06	3.23	0.09	3.32	96	2	97	3
	艾山—利津	3.3	-0.03	3.27	0.52	3.79	87	-1	86	14
	铁谢—利津	19.13	1.66	20.8	1.58	22.38	85	7	93	7
1965～1999	铁谢—花园口	4.98	0.48	5.47	1.10	6.57	76	7	83	17
	花园口—高村	16.21	3.38	19.6	3.64	23.24	70	15	84	16
	高村—艾山	8.76	1.58	10.34	2.16	12.5	70	13	83	17
	艾山—利津	5.38	0.14	5.52	2.27	7.79	69	2	71	29
	铁榭—利津	35.34	5.59	40.93	9.17	50.10	71	11	82	18

表 4-12 1965～1999 年黄河下游横向淤积平均宽度及速率

河段	各部分淤积宽度/m			各部分淤积速率/(m/年)		
	主槽	嫩滩	生产堤外滩	主槽	嫩滩	生产堤外滩
铁谢—花园口	3 794	1 142	4 381	0.029	0.009	0.005
花园口—高村	3 412	1 526	3 809	0.078	0.037	0.016
高村—艾山	1 445	605	2 359	0.092	0.039	0.014
艾山—利津	743	33	1 795	0.076	0.045	0.013
合计	1 811	618	2 689	0.073	0.034	0.013

表 4-13　黄河下游典型洪水滩地冲淤量及占全断面百分比

年份	生产堤以外/亿 m³	生产堤以内/亿 m³	全断面/亿 m³	生产堤以外占全断面比例/%
1975	2.27	−2.14	0.13	1 746
1976	1.69	0.60	2.30	73
1982	0.60	0.15	0.75	80
1988	0.16	1.94	2.10	8
1996	1.79	1.32	3.12	57
合计	6.51	1.87	8.40	78

4.2.6　小结

　　漫滩洪水是连接流域环境和滩地地貌形态的纽带。漫滩淤积一般与洪水的等级和频率有关,这很大程度上决定了滩地水深和淹没时间。洪水期含沙量的大小也是重要的控制滩地淤积的指标,因为它决定了漫滩时期能输送到滩地的悬沙供应量的多少。洪水期径流也是影响漫滩洪水冲淤演变的重要因素。洪水淤积的测量与环境特征关系很大,因为空间和时间的不连续使得泥沙的输送过程很难测量。

　　黄河下游漫滩洪水,按照 Q_{max}/Q_p 比值可分为大漫滩洪水和小漫滩洪水,大漫滩洪水则是指 $Q_{max}/Q_p>1.5$ 的洪水,小漫滩洪水则是指 $Q_{max}/Q_p\leqslant1.5$ 的洪水。同时,从漫滩洪水是否能在滩地产生大量淤积划分,也可分为大漫滩洪水和小漫滩洪水。大漫滩洪水中当来沙系数 $S/Q>0.043$ 时,存在明显的"滩槽同淤"的现象;而当来沙系数 $S/Q\leqslant0.043$ 时,存在明显的"淤滩刷槽"的现象。大漫滩洪水滩地的淤积与大于平滩流量的水量 W_0,漫滩系数 Q_{max}/Q_p,洪水期平均含沙量 S 密切相关;主槽的冲刷量则与洪水期水量 W、洪水期沙量 W_s 以及滩地的淤积量有关。而小漫滩洪水,因漫滩范围较小,因此主槽的冲淤量与水沙搭配系数 S/Q 的大小和洪水期水量 W 有关;滩地的淤积则主要与含沙量 S 有关。漫滩洪水沿程的淤积分布主要以孙口为界,孙口以上滩地淤积量较大,而孙口以下滩地淤积量较少。这主要与滩地地貌关系较大,孙口以上河段,滩地范围宽广,河槽断面宽浅,有较大的滞洪沉沙的范围可供漫滩洪水淤积。而孙口以下,两岸大堤范围较窄,滩地空间较少。因此,漫滩洪水淤积主要集中在孙口以上河段。

　　河道的边界条件对漫滩洪水的冲淤横向分布影响较大,1960 年前黄河下游滩地并没有大量地修建控导工程和生产堤。漫滩洪水可以顺利地进入滩地发生落淤,此时滩地与主槽的淤积抬升速率基本相同。但 1965~1990 年,河道控道工程、生产堤陆陆续续地修建,以及滩区居民的增多,滩区道路和村台等阻水建筑物的增多,进入滩地的泥沙相应减少。而漫滩洪水的淤积多集中在河道控导工程或生产堤以内的嫩滩上。因此,嫩滩与滩地的淤积抬升速率相差较大,漫滩洪水的泥沙很难靠近大堤附近的滩地。因此,沿着河道的横向产生了较大的横比降,黄河下游"二级悬河"迅速发展。其中以东坝头至伟那里河段最为突出:滩唇高于堤脚最大值为 6.04 m;滩地横比降最大达 30.4‰,是河道纵比降

1.8‰的近 17 倍。分析 1950 年 7 月至 1960 年 6 月的冲淤分布,发现主槽和滩地淤积约占全断面的 29% 和 71%,即该时期主槽略有淤积,淤积主要集中在滩地上。而 1965~1999 年,主槽淤积占全断面的 71%,滩地淤积则占到全断面的 29%;而且在河道的冲淤抬升中,发现大漫滩洪水滩地淤积占到整个时期滩地淤积的 84%。

2000 年以来,小浪底水库投入运用,再加上进入下游水沙量逐渐减少,黄河下游漫滩洪水特别是大漫滩洪水发生频次减少,因此 2000 年以前漫滩洪水的详细记录为研究漫滩洪水的规律提供了宝贵的实测资料支撑。黄河下游漫滩洪水滩地及主槽的冲淤规律、冲淤量计算公式,可为预测未来不同类型洪水滩槽冲淤量提供精确的参考价值。同时,1965~1990 年滩地边界条件的变化,使得漫滩洪水并不能像 1960 年前一样,产生滩槽同步抬升的效果。再加上,滩区居民较多,因此在小浪底水库调控洪水过程中,不建议塑造大漫滩洪水来改善河道横向冲淤分布格局,而应在未来下游的河道治理中,考虑边界条件的变化,处理好滩区 181 万人口的安全与河道行洪的关系。另外,对于漫滩洪水滩地粗细泥沙的淤积规律,以及滩地的挟沙能力还有待进一步深入研究,以便为精确预测滩地水流泥沙的运行规律提供可靠的技术支撑。

第 5 章　黄河下游河道不平衡程度研究

　　冲积性河流平衡理论中,一般来说,河道平衡状态可由水流连续方程、阻力方程和输沙率方程来确定,但因三个方程中有四个变量,因此需要增补一个方程才能使其闭合。根据河流平衡理论(Huang et al., 2000, 2002),引入宽深比,采用变分分析方法求解平衡状态下的河道几何形态。

　　冲积性河流平衡理论对输沙率公式极为敏感(Huang,2010),不同的输沙函数会产生不同的理论河流平衡断面形态,其差异可能会达到 10 余倍。Huang(2010)根据河流平衡理论提出冲积性河流线性理论,推求出输沙率公式中的参数,并通过 Meyer-Peter 的原始水槽试验数据对输沙率公式进行了拟合,所得到的修正后的 Meyer-Peter 和 Müller (1948)输沙率公式称为 MPM-H 输沙函数。黄河清等(黄河清, 2010; 于思洋, 2012; Huang et al.,2014)将该公式应用到长江中下游,发现与其他三个输沙公式相比,由该输沙公式得到的河道平衡形态更接近于实测结果。

　　黄河下游是一条多沙的河流,且一直处于淤积抬升的模式。但对于河流系统来说,在一定的边界条件下,无论其能否达到平衡状态,它总存在一个理想的平衡状态目标值。因此,本章即基于河流平衡理论,研究黄河下游河道平衡的河道形态,并分析其远离平衡态的程度。

5.1　冲积性河流平衡理论分析

　　挟沙水流与天然河床边界的相互作用在一定条件下可自动形成一条能使输水输沙达到平衡的河道,理论上来说,这一平衡条件可由水流运动方程来定,水流连续性、Manning-Strickler 阻力和泥沙运动方程:

$$Q = BhV \tag{5-1}$$

$$V = 7.68\left(\frac{R}{d}\right)^{\frac{1}{3}}\sqrt{gRJ} \tag{5-2}$$

$$Q_s/B = c_b(\tau_0 - \tau_c)^\alpha \tag{5-3}$$

式中:n、R、Q_s、τ_0、τ_c、c_b 和 α 分别为糙率、水力半径、输沙率、剪切力、临界剪切力、与粒径大小有关的系数和指数;J_f 为水面比降,这里等于河道比降 $J_f = J$。

　　但由于三个方程有四个变量,需要补充一个独立方程才能得到一个闭合解。

　　Huang et al. (2000,2001,2002,2006)引入宽深比 ζ,提出了一种变分分析法来求解河流平衡问题。假定冲积性河流过水断面边界泥沙组成均匀,断面形状为长方形,则以下关系式成立:

$$A = Bh; \quad P = B + 2h; \quad R = \frac{Bh}{B + 2h} \tag{5-4}$$

式中:B、h、P 和 R 分别为河宽、水深、过水断面的湿周长度和水力半径。

　　为减少基本水流运动关系式中的自变量数目,引入河流过水断面几何形态宽深比 ζ,

是一种极为有效的减少变量数目的方法:

$$\zeta = \frac{B}{h} \tag{5-5}$$

联解式(5-4)和式(5-5)可得到以下关系式:

$$A = \zeta h^2 ; \quad P = (\zeta + 2) h ; \quad R = \frac{\zeta}{\zeta + 2} h \tag{5-6}$$

将式(5-1)、式(5-2)和式(5-6)联解,可得到:

$$Q = \frac{7.68 \sqrt{gJ}}{d^{\frac{1}{6}}} \frac{\zeta^{\frac{2}{3}}}{(\zeta + 2)^{\frac{2}{3}}} h^{\frac{8}{3}} \tag{5-7}$$

化简式(5-7),可以得到 h 关于 ζ 的表达式:

$$h = \left(\frac{Q}{7.68 \sqrt{gJ}} \right)^{\frac{3}{8}} \frac{(\zeta + 2)^{\frac{1}{4}}}{\zeta^{\frac{5}{8}}} d^{\frac{1}{16}} \tag{5-8}$$

联解式(5-5)、式(5-6)和式(4-8)可得到水深 B 与河道宽深比 ζ 的关系分别为:

$$B = \left(\frac{Q}{7.68 \sqrt{gJ}} \right)^{\frac{3}{8}} d^{\frac{1}{16}} (\zeta + 2)^{\frac{1}{4}} \zeta^{\frac{3}{8}} \tag{5-9}$$

输沙率公式选用如下形式:

$$q_b^* = c_b (\tau_0^* - \tau_c^*)^\alpha \tag{5-10}$$

式中: q_b^*、τ_0^* 和 τ_c^* 分别为无量纲的河道单宽输沙率、无量纲的水流平均剪切力和无量纲的临界水流剪切力,其中 $q_b^* = Q_s / B$。这三个无量纲参数的具体定义为:

$$q_b^* = \frac{q_b}{\sqrt{(\gamma_s / \gamma - 1) g d^3}} = \frac{Q_s / B}{\sqrt{(\gamma_s / \gamma - 1) g d^3}} \tag{5-11}$$

$$\tau_0^* = \frac{\tau_0}{(\gamma_s - \gamma) d} = \frac{\gamma R J}{(\gamma_s - \gamma) d} \tag{5-12}$$

$$\tau_c^* = \left. \frac{\tau_0}{(\gamma_s - \gamma) d} \right|_{\tau_0 = \tau_c} \tag{5-13}$$

从式(5-8)~式(5-10)中发现,推移质单宽输沙率 q_b 是由 Q、J、d 和 ζ 来决定的。当只考虑过水断面形态因子宽深比 ζ 的作用时,考虑关系式 $Q_s = q_b B$,则推移质在整个河宽上的总输沙率 Q_s 可用以下关系式确定:

$$Q_s = K_1 \zeta^{\frac{3}{8}} (\zeta + 2)^{\frac{3}{4}} \left[K_2 \frac{\zeta^{\frac{3}{8}}}{(\zeta + 2)^{\frac{3}{4}}} - K_3 \right]^\alpha \tag{5-14}$$

其中,参数 K_1、K_2 和 K_3 分别定义为:

$$K_1 = c_b \sqrt{(\gamma_s / \gamma - 1) g} \, d^{\frac{25}{16}} \left(\frac{Q}{7.68 \sqrt{gJ}} \right)^{\frac{3}{8}} \tag{5-15}$$

$$K_2 = \frac{J^{\frac{13}{16}}}{(\gamma_s / \gamma - 1) d^{\frac{15}{16}}} \left(\frac{Q}{7.68 \sqrt{g}} \right)^{\frac{3}{8}} \tag{5-16}$$

$$K_3 = \tau_c^* \tag{5-17}$$

在 Q、d、J 和式(5-14)中参数的数值给定的情况下,式(5-14)可用来描述河流输沙率如何随河床过水断面形态因子 ζ 的变化而调整的过程,其中在 ζ 达到最小,而河道输沙率 Q_s 最大时,即为在给定流量、床沙粒径和比降条件下,对应得出输沙平衡宽深比 ζ。

对于 Meyer-Peter 和 Müller 的输沙率公式形式,很多学者做过相关研究。Meyer-Peter 和 Müller(1948)根据大量水槽试验的结果,得到式(5-10)的系数和指数分别为:$C_b = 8.0$,$\tau_c^* = 0.047$,$\alpha = 1.50$。Wong 和 Parker(2006)对 Meyer-Peter 和 Müller 率定公式所采用的资料进行重新分析,认为式(5-10)中的参数可取如下两组值:$c_b = 4.93$,$\tau_c^* = 0.047$,$\alpha = 1.60$;$c_b = 3.97$,$\tau_c^* = 0.049\ 5$,$\alpha = 1.50$。Huang(2010)根据 Meyer-Peter 和 Müller、Gilbert 的水槽试验的数据,利用冲积性河流平衡理论对式(5-10)进行了重新修正,得到了如下参数取值:

$$c_b = 4.93 \quad \tau_c^* = 0.047 \quad \alpha = 5/3 \tag{5-18}$$

将式(5-18)代入式(5-10)可得到:

$$q_b^* = 6(\tau_0^* - 0.047)^{\frac{5}{3}} \tag{5-19}$$

于思洋等(2012)利用长江中下游干流监利河段的顺直段实测资料(见图5-1),采用黄河清(2010)对 Meyer-Peter 的输沙率公式修正后的输沙率公式,利用变分分析方法,求得理论平衡宽深比为117、河宽为1 267 m、水深为10.8 m。而实测宽深比为84、河宽为1 095 m、水深为13 m。两者非常接近,验证了冲积性河流平衡理论的适用性。刘晓芳(2014)利用长江中下游荆江中段监利河段乌龟洲的实测资料,对乌龟洲实测的水沙条件、江心洲形态对河流平衡理论平衡的水动力条件进行了验证,结果表明2003年7月的左汊宽深比理论值与实测值误差仅11%,右侧误差25%。刘晓芳(2014)还对天兴洲汊道(见图5-2)、戴家洲汊道、马鞍山汊道、梅子洲汊道的理论洲宽和洲长比值进行了验证,发现实测值与理论值的误差为4.4%~12.33%。冲积性河流平衡理论在长江中下游顺直段和分汊段均得到了很好的应用。这些结果说明,基于变分分析方法的河流平衡理论在研究以悬移质输沙为主的沙质河流河道形态变化中有很好的适用性。

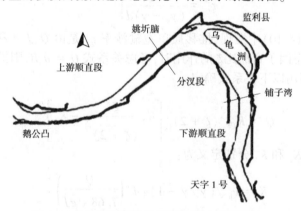

图 5-1 监利河段河道形状示意图(于思洋,2012)

黄河下游是一个含沙量很高的沙质河流。沙质河流中冲泻质被长距离输送而不参与造床,对河道冲淤起主要作用的是河流中的床沙质。在床沙质中,悬移质一般占很大比

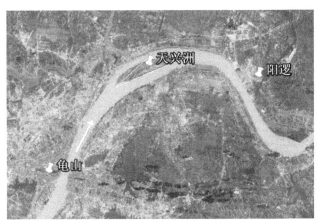

图 5-2　天兴洲汊道(刘晓芳,2014)

重,因此产生了以悬移质为主的众多沙质河流输沙率公式。这些公式在水力要素的选取方式上千差万别,例如张瑞瑾公式采取了 $S = k\left(\dfrac{U^3}{gh\omega}\right)^m$,而杨志达公式主要借助于流速与能坡来确定输沙率。上述公式在计算河道冲淤总量时,通常有较好的结果。

　　本书利用张瑞瑾和杨志达的输沙率公式,结合水流连续方程和阻力方程,采用变分分析方法对平衡河道形态进行推算,结果发现河流达到平衡状态时宽深比(B/h)等于 2,而大多数沙质河流的平滩河道宽深比一般在 20~200 变化,黄河下游的宽深比更大。这说明利用以张瑞瑾输沙率公式来推算平衡河道形态是不合适的。黄河下游推移输沙量占总输沙量的 1%~5%,长江上推移质输沙量约占全沙的 9%。因此,本书在下面部分尝试利用修正过的 Meyer-Peter 的输沙率公式 MPM-H,即式(5-18),结合水流连续方程、阻力方程和黄河下游的水沙条件,求解黄河下游河道的平衡形态,并分析其与实际河道形态的差异,以检验冲积性河流平衡理论在黄河下游的适用性。

5.2　黄河下游不同时期河道偏离平衡态的程度

5.2.1　黄河下游河宽及宽深比与平衡状态对比

　　下面即以式(5-14)为主,对黄河下游河道理想平衡态进行推求。参数选择根据式(5-18),对 ζ 进行求导等于 0,即可得到平衡的断面形态,如下式表示:

$$\frac{1}{Q_s}\frac{\mathrm{d}Q_s}{\mathrm{d}\zeta} = 0 \tag{5-20}$$

　　即在已知流量 Q、河段纵比降 J 和床沙粒径 d 的情况下,通过上式求得相应的 ζ 和 B。具体示例如图 5-3 所示。

　　下面以黄河下游两个典型河段,即游荡型河段与弯曲型河段为例,计算黄河下游理想状态的平衡断面形态值,并进行对比,分析其偏离平衡态程度。游荡型河段具体结果如图 5-4 和图 5-5 所示。可以看出,花园口至夹河滩河段,在实测 1960~2006 年左右的平滩流量、纵比降和床沙粒径条件下,相应的平衡宽深比(B/h)在 131~277、河宽在 396~756 m。

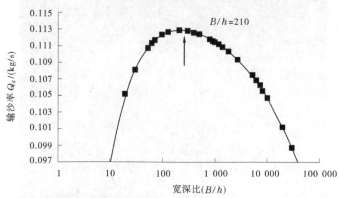

图 5-3　花园口河段理想平衡断面形态推求($Q = 6\ 000\ \text{m}^3/\text{s}$，$S = 1.87‰$，$d_{50} = 0.109\ \text{mm}$)

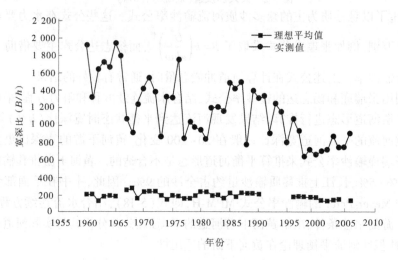

图 5-4　花园口—夹河滩河段宽深比理想平衡值与实测值的对比

图 5-5　花园口—夹河滩河段河宽理想平衡值与实测值的对比

而实测的宽深比(B/h)范围为637~1940、河宽为913~2 603 m。整体来说,实际的宽深比距离理想平衡值均较远,偏离程度约在22 800%~110 800%(偏离程度,即等于实测值减去理想值差值与理想值的百分比)。从1960~1997年,实际宽深比的偏离平衡状态在一步一步减小,至1997年基本达到最小。1997年后基本稳定在26 999%。实测河宽也基本遵循相同的规律。

艾山至利津弯曲型河段的结果如图5-6和图5-7所示。可以看出,该河段实际的断面形态距理想平衡值偏离程度较小。而且在1960~2005年,实测值河宽和宽深比(B/h)变化均较小,河道比较稳定。实测宽深比(B/h)的变化范围在103~196、河宽在447~702 m,而宽深比(B/h)的理想平衡值在146~204、河宽在403~608 m,两者非常接近。这说明了艾山至利津河段的断面形态比较接近平衡状态,也比较稳定。同时,从实测资料方面证明了平衡理论的方法在黄河下游弯曲型河段的实用性。

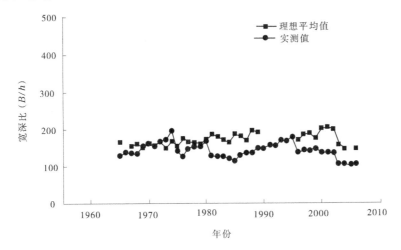

图 5-6 泺口至利津河段宽深比理想平衡值与实测值的对比

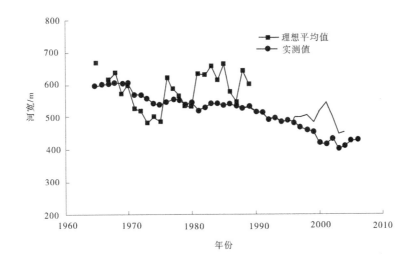

图 5-7 泺口至利津河段河宽理想平衡值与实测值的对比

5.2.2　黄河下游输沙平衡所需比降与实际比降对比

引入宽深比 $\zeta = B/h$，则过水断面形态存在如下关系式：

$$\left.\begin{array}{c} B = \zeta h \\[4pt] A = \zeta h^2 \\[4pt] R = \dfrac{\zeta h}{\zeta + 2} \end{array}\right\} \tag{5-21}$$

将式(5-21)和式(5-2)代入式(5-1)，得到：

$$Q = \frac{1}{n} \frac{\zeta^{\frac{5}{3}}}{(\zeta + 2)^{\frac{2}{3}}} J^{\frac{1}{2}} h^{\frac{8}{3}} \tag{5-22}$$

通过式(5-22)，可得到水深 h 的表达式：

$$h = (Qn)^{\frac{3}{8}} \frac{(\zeta + 2)^{\frac{1}{4}}}{\zeta^{\frac{5}{8}}} J^{\frac{3}{16}} \tag{5-23}$$

将式(5-11)~式(5-13)和式(5-21)代入式(5-19)，可得到：

$$Q_{\mathrm{s}} = 6 \sqrt{\left(\frac{\gamma_{\mathrm{s}}}{\gamma} - 1\right) g d^3} \left[\frac{1}{\left(\frac{\gamma_{\mathrm{s}}}{\gamma} - 1\right) d} \frac{\zeta}{\zeta + 2} h J - 0.047 \right]^{\frac{5}{3}} \zeta h \tag{5-24}$$

将式(5-23)代入式(5-24)，可得到比降 J 关于 Q、Q_{s}、n、d、ζ 的表达式：

$$\left[\frac{(Qn)^{\frac{3}{8}}}{\left(\frac{\gamma_{\mathrm{s}}}{\gamma} - 1\right) d} \frac{\zeta^{\frac{3}{8}}}{(\zeta + 2)^{\frac{3}{4}}} S^{\frac{13}{16}} - 0.047 \right]^{\frac{5}{3}} \zeta^{\frac{3}{8}} (\zeta + 2)^{\frac{1}{4}} S^{-\frac{3}{16}} = \frac{Q_{\mathrm{s}}}{6 (Qn)^{\frac{3}{8}} \sqrt{\left(\frac{\gamma_{\mathrm{s}}}{\gamma} - 1\right) g d^3}}$$

$$\tag{5-25}$$

为了导出稳定平衡状态下的最小比降 $J_{\min}$，需要对式(5-25)的 J 求解 ζ 的导数，得到如下结果：

$$\frac{5}{3} \left[1 + \frac{0.047}{\dfrac{(Qn)^{\frac{3}{8}}}{\left(\frac{\gamma_{\mathrm{s}}}{\gamma} - 1\right) d} \dfrac{\zeta^{\frac{3}{8}}}{(\zeta + 2)^{\frac{3}{4}}} J^{\frac{13}{16}} - 0.047} \right] \left(\frac{3}{8} \frac{1}{\zeta} - \frac{3}{4} \frac{1}{\zeta + 2} + \frac{13}{16} \frac{1}{J} \frac{\mathrm{d}J}{\mathrm{d}\zeta} \right) +$$

$$\left(\frac{3}{8} \frac{1}{\zeta} + \frac{1}{4} \frac{1}{\zeta + 2} - \frac{3}{16} \frac{1}{J} \frac{\mathrm{d}J}{\mathrm{d}\zeta} \right) = 0 \tag{5-26}$$

在稳定平衡状态下，$\zeta = \zeta_{\mathrm{m}}$，$J = J_{\mathrm{m}}$，因此 $\dfrac{\mathrm{d}J}{\mathrm{d}\zeta} = 0$。将 $\dfrac{\mathrm{d}J}{\mathrm{d}\zeta} = 0$ 代入式(5-26)可得到稳定平衡下的河道比降 $J_{\min}$ 的表达式：

$$J_{\min} = \left[\frac{0.047\left(5\zeta_m + 6\frac{\gamma_s}{\gamma} - 1\right) d(\zeta_m + 2)^{\frac{3}{4}}}{16(Qn)^{\frac{3}{8}} \zeta_m^{\frac{3}{8}}} \right]^{\frac{16}{13}} \qquad (5\text{-}27)$$

可通过联解式(5-25)和式(5-27)获得

$$\frac{(\zeta_m - 2)^{\frac{3}{5}} \zeta_m^{\frac{6}{13}} (\zeta_m + 2)^{\frac{1}{13}}}{(5\zeta_m + 6)^{\frac{3}{13}}} = K \frac{Q_s}{(Qn)^{\frac{3}{16}} d^{\frac{33}{26}}} \qquad (5\text{-}28)$$

式(5-28)中 K 值为：

$$K = \frac{16^{\frac{56}{39}}}{6\left(\frac{\gamma_s}{\gamma} - 1\right)^{\frac{7}{26}} g^{\frac{1}{2}} \times 5^{\frac{5}{3}} \times 0.047^{\frac{56}{39}}} \approx 13.75 \qquad (5\text{-}29)$$

按照以上方法,可求得黄河下游不同年份对应的输沙平衡所需纵比降 $J_{\min}$。其中,当 $J_{\min} > J_c$ 时,则表明河道实际纵比降小于输沙平衡所需纵比降,因此河道将发生淤积。当 $J_{\min} < J_c$ 时,则表明河道实际纵比降大于输沙平衡所需纵比降,河道将发生冲刷。而当 $J_{\min} = J_c$ 时,则表明河道实际河道纵比降等于输沙平衡所需纵比降,则河道冲淤平衡。另外,这里要解释下 5.2.1 节中的输沙平衡所需宽深比(B/h),是指在一定的流量 Q、纵比降 J 和床沙粒径 d 的条件下,河道达到输沙平衡时所需要的宽深比(B/h)。而本节中,是指在黄河下游实际的流量 Q、输沙率 Q_s 和床沙粒径 d 的条件下,对应唯一的理想宽深比 B/h 和输沙平衡比降 $J_{\min}$。两者所对应的水沙条件并不完全一致,在 5.2.1 节中,一定的流量 Q、纵比降 J 和床沙粒径 d 的条件下,对应的输沙平衡输沙率 Q_s 与本节中的实际输沙率不一定相等。

黄河水利委员会原水文处曾在 1957 年 7 月开始在黄河下游济阳县附近的土城子河段进行了挟沙能力的测验工作。经过一年多的测验,取得了 1957 年 8 月 28 日至 1958 年 8 月 14 日的 19 测次的资料。根据这 19 测次的资料分析可知,黄河下游的推移质输沙率占全断面输沙率的比例在 0.02%～1.99%(黄河水利委员会原水文处,1959)。黄河下游的推移质观测资料极少,缺乏历年的观测资料。因此,本书中黄河下游推移质输沙率占全断面输沙率的比例初步按照 1% 来确定。

在已知流量 Q、河道输沙率 Q_s 和床沙粒径 d 的情况下,通过以上方法可求得输沙平衡所需比降 $J_{\min}$。花园口河段历年输沙平衡所需纵比降 $J_{\min}$ 如图 5-8 和图 5-9 所示。1960～1964 年,处于三门峡水库"蓄水拦沙"运用阶段,该时期清水下泄,河道均发生强烈的冲刷(见图 5-9),花园口至夹河滩河段年冲刷量在 0.35 亿～3.29 亿 t。而从图 5-8 中可以看出,该时期河道实际纵比降约为 1.82‰,且来水偏丰,来沙偏少,因此河道输沙平衡所需比降偏小,一般在 0.9‰～1.3‰。这表明河道实际纵坡降 J_c 大于河道输沙平衡所需坡降 $J_{\min}$,河道有足够的能坡将来沙输送走,并且还有多余能量,河道即发生冲刷。

同样在 1982～1987 年,由于天然来水偏丰,来沙偏少,河道发生了微冲或冲淤平衡,而在这个时期,$J_{\min}$ 也是小于 J_c 的。2000 年以后,由于小浪底水库进入拦沙运用初期,除调水调沙外,其余时间均为清水下泄。该时期花园口至夹河滩河段年冲刷量在 0.02 亿～0.72 亿 t。此时,河道实际纵坡降约为 1.82‰,而由于来沙较少,因此输沙平衡所需比降则较小,一般为 0.1‰~0.6‰,因此 $J_{min} < J_c$,河道发生了持续冲刷。

总之,图 5-8 和图 5-9 表明了不同时期黄河下游河道偏离平衡状态的程度。同时,河道平衡输沙所需纵比降与河道实际对比情况,能较好地被黄河下游该河段实际冲淤情况所印证,这就表明了冲积性河流平衡理论在黄河下游的适用性。

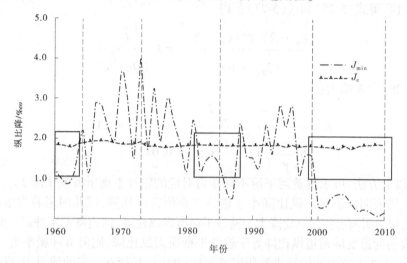

图 5-8　花园口河段输沙平衡所需能坡 J_{min} 与实际河道纵比降 J_c 对比

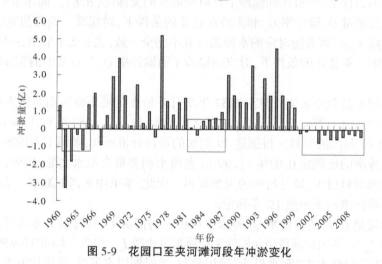

图 5-9　花园口至夹河滩河段年冲淤变化

5.3　小　结

基于变分分析方法通过河流平衡理论对黄河下游平衡的河道形态进行了计算,具体结论如下:

(1)艾山至利津弯曲型河段输沙平衡的河宽(W)和宽深比(B/h),与实际的断面形态差距较小。实测宽深比的变化范围一般在 103~196、河宽一般在 447~702 m。而宽深比的理想平衡值一般在 146~204、河宽一般在 403~608 m,两者非常接近。这说明了艾山至利津河段的断面形态比较接近平衡状态,且实际河道演变中,该河段也是比较稳定的。

(2)从黄河下游花园口站输沙平衡所需坡降 J_{min} 与实际河道坡降 J_c 的比值来看,游荡型河道在不同时期远离平衡态的程度,与河道冲淤调整趋势是比较一致的。例如,在 1960~1964 年,由于三门峡水库"蓄水拦沙"运用,河道发生冲刷,此时,河道所具有的能坡 J_c 就远大于输送本身泥沙所需要的能坡 J_{min},河道发生了冲刷。而 1980~1985 年,同样由于有利的水沙条件,河道发生冲刷或冲淤平衡,此时 J_c 大于 J_{min}。当然在 2000 年后,小浪底水库进入拦沙运用初期,除调水调沙外,其余时间均为清水下泄。该时期河道持续冲刷,该河段实际纵比降远小于输沙平衡所需纵比降,即 $J_{min} < J_c$,河道发生了持续冲刷。

总之,河道平衡输沙所需纵比降与河道实际对比情况,能较好地被黄河下游该河段实际冲淤情况所印证,这就证明了冲积性河流平衡理论在黄河下游的适用性,也表明河流所处能态不同,对河道冲淤所产生的影响不同。

第6章　黄河下游河道形态调整机制

从前面第 3.2 节可知,小浪底水库运用以来,游荡型河道由淤积抬升转为了冲刷下切。河道来水来沙发生了趋势性变化,河流功率发生了变化,河道所处的能态也发生改变。1960 年至今,河道横断面形态和平面形态也产生了巨大改变,甚至河型也有调整。本章即从河道所处能态角度,分析其与河道平面形态之间的关系,揭示黄河下游河道复杂形态调整机制。

6.1　河流功率与平滩横断面形态变化

6.1.1　河流功率

Bagnold(1966)用单位宽度的河流能量耗散,即单宽河流功率,来描述河流能量的大小。该参数后来被快速认可,并用于河流平面形态和河流动力学的相关计算。单宽河流功率指的是平滩流量下的河流功率:

$$\omega = \tau_0 u = \rho g Q_{bf} J_c / B \quad (W/m^2) \tag{6-1}$$

式中:τ_0 为河床剪切力;u 为平均流速,m/s;ρ 为水容重,kg/m³;Q_{bf} 为平滩流量,m³/s;J_c 为河道纵比降。

Ferguson(1981,1987)发现无约束河湾的单宽河流功率在 5~350 W/m²。Ferguson(1981)和 Carson(1984)认为过渡和辫状河流的河流功率分别为 50 W/m² 和 35 W/m²。Nanson et al.(1992)在对滩地进行分类时,认为无约束弯曲型河流和辫状河流的河流功率为 10~60 W/m² 和 50~300 W/m²。稳定顺直或弯曲河流的河流功率小于 10 W/m²。高能态的顺直河道,或游荡型沙砾石河流(Schumm et al.,1963;Burkham,1972)的河流功率在 300~600 W/m²。

黄河下游是典型的游荡型河道,国际上一般将其归为辫状河流。黄河下游游荡型河道的河流功率到底处于哪种范围,详见表 6-1 和图 6-1、图 6-2。可以看出,1960~2015 年黄河下游各典型水文站的河流功率分布在 2.9~12.3 W/m²。高村以上河段不同时期的河流功率均值在 4.4~8.5,其中 1960~1964 年,花园口、夹河滩和高村(游荡型河段)的河流功率为 6.8 W/m²、8.5 W/m² 和 6.5 W/m²,而到 2000~2015 年则减小为 5.0 W/m²、5.9 W/m² 和 6.9 W/m²。高村以下河段的河流功率则略大于高村以上,如图 6-2 所示,不同时期平均值在 6.5~13.4 W/m²。1960~1964 年,孙口和泺口河流功率平均为 12.3 W/m² 和 10.4 W/m²,2000~2015 年则减为 6.8 W/m² 和 7.8 W/m²。

表 6-1 不同时期黄河下游典型水文站河流功率 　　单位:W/m²

时期(年)	花园口	夹河滩	高村	孙口	艾山	泺口	利津
1960~1964	6.8	8.5	6.5	12.3			10.4
1965~1973	5.6	6.8	4.4	6.5		10.1	8.1
1974~1985	6.4	7.8	7.9	9.7	13.4	12.6	9.2
1986~1999	6.7	5.4	6.1	6.9	9.3	11.9	7.9
2000~2015	5.0	5.9	6.9	6.8	10.1	13.2	7.8

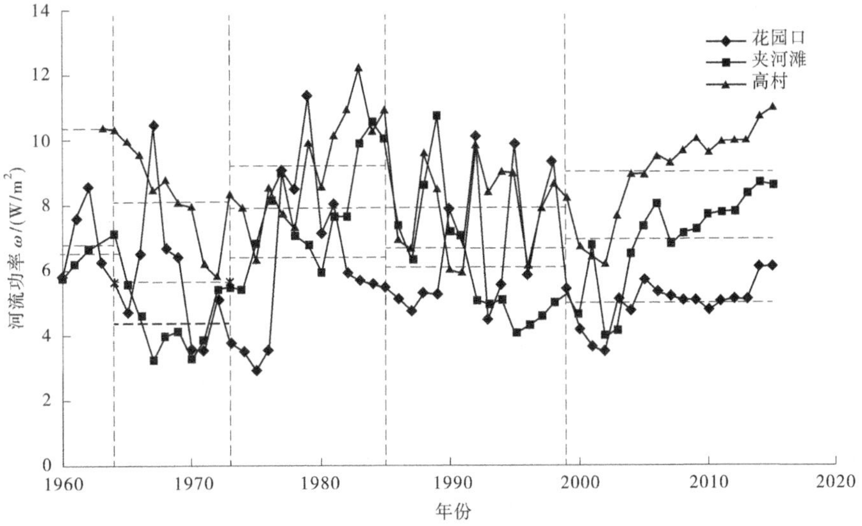

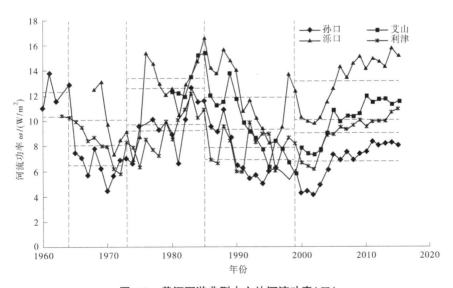

图 6-1 黄河下游典型水文站河流功率(一)

图 6-2 黄河下游典型水文站河流功率(二)

　　另外,不同时期各水文站的河流功率变化与水库运用关系密切。因河流功率与平滩流量 Q_b、比降 J_c 和平滩河宽 W 密切相关,而除河道纵比降变化较小外,其余因素均与进入下游河道的来水来沙条件密切相关。1960~1964 年,三门峡水库蓄水拦沙运用,进入河道沙量较少,河道发生明显冲刷,此时的平滩流量较大,因此河流功率较大。1965~1973 年,三门峡水库进入滞洪排沙期,进入下游的来沙增多,且很多小水带大沙的过程产生,河道发生了明显淤积,河道平滩流量减小,当然河宽也有所减小,但平滩流量减小大于河宽减小幅度,因此河流功率较上一时期明显减小。1974~1980 年,该时期采用“蓄清排浑”的运用方式,即非汛期清水下泄,汛期则浑水排沙。1980~1985 年,天然来水较丰、来沙较少。因此,1974~1985 年,河道平滩流量增加,河流功率也逐渐增加。1986 年龙羊峡水库投入运用后,由于上游龙刘水库的联合运用,进入下游水沙条件发生明显变化,汛期来水比例减小,非汛期比例增加,洪峰流量大幅减小,枯水历时增长,河道萎缩。因此,该时期河流功率明显减小,为长系列最小时期。2000 年后,随着小浪底水库开始拦沙运用,2002 年开始了万家寨、三门峡和小浪底水库的联合调水调沙,人造洪峰冲刷下游河道,且除调水调沙外,下游均清水下泄。因此,河道发生明显冲刷下切,河道排洪能力得到大大增强,河道平滩流量很快恢复。该时期河流功率呈持续增加趋势。

　　Van den berg(1995)曾收集了世界各地 192 条河流的 228 组数据,并且把河流归为 3 大类,多股辫状河流($P<1.5$,P 为弯曲系数,下同)、单一顺直河流($P<1.3$)和弯曲河流($P>1.3$)。他认为辫状河流一般拥有较大的河宽,顺直河流在低能态和高能态都会出现,低能态的顺直河流拥有较小的宽深比,高能态则宽深比较大。现将这 228 组数据与黄河下游游荡型河段的数据放在一起,如图 6-3 所示。可以看出,黄河下游游荡型河段属于河流功率非常小、河流能态非常低的河流,其能态非常低的原因就在于,河道比降偏小,而河宽和河道宽深比均较大(见图 6-4)。较小的河流功率,却要输送较多的来沙,因此导致河流不断游荡摆动,淤积抬升。

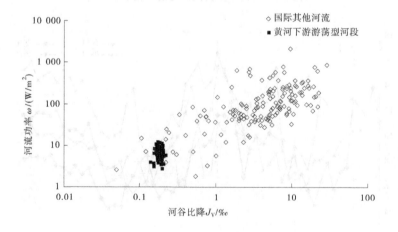

图 6-3　河流功率与河谷比降关系

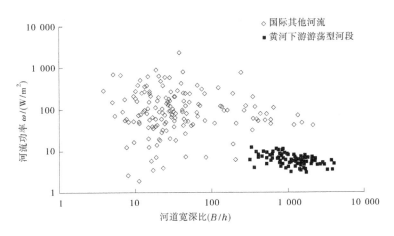

图 6-4　河流功率与河道宽深比关系

6.1.2　河道平滩横断面形态

提到河道断面形态,首先想到的是河道水力几何形态。而水力几何形态,是最初在印度工作过的一些英国工程师根据灌溉渠道资料,得出了保持冲淤平衡的渠道断面尺寸和坡降。这种平衡在当地称为"均衡"(G. Lacey,1930)。1953 年,Leopold 和 Maddock 把从印度和巴基斯坦灌溉渠道中所得到的经验进一步引用到河流中来,认为处于准平衡状态的天然河流中,比降、河宽、水深和流速与流量之间存在着简单的指数关系:$B = \alpha_1 Q^{\beta_1}$,$h = \alpha_2 Q^{\beta_2}$,$U = \alpha_3 Q^{\beta_3}$。这种关系被称为水力几何形态。对于断面水力几何形态和沿程水力几何形态关系,其中沿程水力几何形态关系中流量 Q 采用造床流量,而断面水力几何形态关系中流量 Q 的选用则不尽相同,有些采用平滩流量、洪峰流量或 n 年一遇的流量等。

对于黄河下游游荡型河段,河道主流线摆动频繁,河道心滩和边滩较多,且冲淤调整剧烈,是否存在稳定的河道水力几何形态还有待商榷。因此,这里选用河道平滩条件下的横断面形态来代表河道的横断面形态,并分析其变化规律。河道平滩范围的确定,如表 6-2 所示。平滩河宽是指有明显自然滩唇范围内的河道形态。平滩范围的确定一般要参考以往年份河道滩槽分布,同时,以历年汛后河道平面形态(水边线范围)作为参考,来确定主槽的边界。黄河下游从小浪底至利津河长为 764.5 km,共 96 个断面(20 世纪 60 年代初开始布设的断面)。本次均选用历年汛后的实测大断面资料来进行分析。同时,由于该 96 个断面的布设,间距不一,其中高村以上河段约 10 km 一个断面,而高村以下河段约 7 km 一个断面,因此本次采用考虑断面布设间距的加权平均值法来计算不同河段平均值。具体方法如下:

$$X_{\text{bf}} = \sum (X_{\text{bf}}^i W_{\text{bf}}^i) / \sum W_i \tag{6-2}$$

式中:X_i 为第 i 个断面的平滩断面形态参数[如河宽 B_{bf}、水深 h_{bf} 和宽深比 $(B/h)_{\text{bf}}$];W_i 为第 i 个断面间距;$\sum W_i$ 为该河段总河长。

黄河下游不同时期河段平均河宽的变化如图 6-5 所示。按照水库运用不同时期的划分,在三门峡水库"蓄水拦沙期"(1960~1964 年),因清水冲刷不同河段的河宽均有所增加,花园口以上河段在该时期平均河宽约为 2 091 m,随后不断减小,至 1986~1999 年约为 1 298 m,2000~2015 年有所展宽,河宽平均为 1 330 m。该河段水深的变化则是在 2000 年后明显增大(见图 6-6),由 1960~1964 年的 1.8 m,增加到 2000~2015 年的 3.3 m。河宽的减小,再加上水深的增加,导致河道的宽深比(B/h)明显减小。宽深比(B/h)从 1960~1964 年的 1 377(见图 6-7),减小为 2000~2015 年的 458。

表 6-2　不同时期各河段横断面平滩特征

项目	河段	时期(年)					
		1960~1964 年	1965~1973 年	1974~1985 年	1986~1999 年	2000~2015 年	1960~2015 年
河宽/m	花园口以上	2 091	2 204	1 833	1 298	1 330	1 638
	花园口—高村	2 278	1 771	1 494	1 126	1 096	1 403
	高村—艾山	900	909	762	693	560	723
	艾山—利津		587	538	499	412	496
水深/m	花园口以上	1.8	1.4	1.7	1.9	3.3	2.2
	花园口—高村	1.6	1.4	1.8	1.6	2.9	2.0
	高村—艾山	3.7	2.9	3.5	2.9	3.4	3.2
	艾山—利津		4.4	4.4	3.8	4.2	4.2
宽深比(B/h)	花园口以上	1 377	1 928	1 285	820	458	1 044
	花园口—高村	1 639	1 576	1 067	841	473	974
	高村—艾山	314	388	266	281	176	268
	艾山—利津		143	132	140	101	127

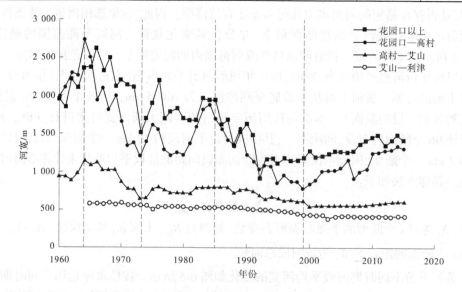

图 6-5　不同时期河段平均河宽变化过程

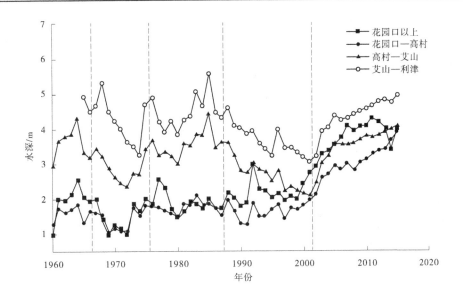

图 6-6　不同河段平均水深变化过程

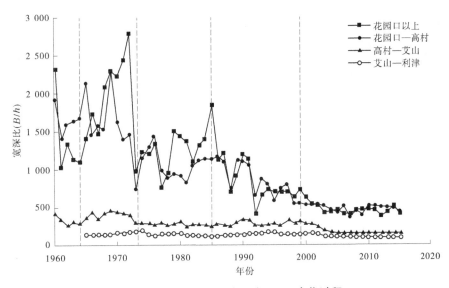

图 6-7　不同河段平均宽深比(B/h)变化过程

　　高村至艾山河段,河宽也有所减小,但减小幅度没有花园口以上大。其中高村至艾山河段 1960~1964 年河宽为 900 m,至 2000~2015 年减小为 560 m。水深也在 2000 年以后明显增大,由 1960~1964 年的 1.6 m,增加为 2000~2015 年的 3.4 m。因此,宽深比从 1960~1964 年的 314,减小为 2000~2015 年的 176。

　　艾山至利津河段,横断面形态变幅较前几个河段小。河宽从 1960~1964 年的 587 m,减小为 2000~2015 年的 412 m。水深则变化不大。宽深比则有所减小,从 1960~1964 年的 143,减小为 2000~2015 年的 101。

可以看出来,2000年以后横断面形态的变化,主要集中冲刷下切,往窄深方向发展。虽然河宽比1986~1999年略有展宽,但比起20世纪60年代的河宽,还是比较小的。河道深泓点明显降低,游荡型河段淤积抬升的趋势得到一定的遏制。

6.1.3　宽深比与河流功率关系

对于河相关系的响应关系式研究众多。Schumm(1960)根据美国中部90条大小河流的资料,发现河槽几何形态(B/h)与指标M有关,M是与河床和河岸中粉砂黏土含量有关的指数。以后,Schumm又根据美国大平原和澳大利亚南威尔士地区的河流资料(Schumm,1968),进一步认为,在冲积性河流塑造的过程中,流量主要起一个确定断面尺寸的作用,而河道的宽浅程度主要是由河床物质组成的影响。Knighton根据英国博林丁流域的资料,也曾证明,在河岸粉砂黏土含量小于45%时,边坡角与河岸中的粉砂黏土含量确实存在线性关系(Knighton,1974)。俞俊(1982)根据国内外60多条平原河流的实测资料得出,$B/h = 13.5Q_m^{0.1}(m/D_{50}^{0.5})^{0.46}S^{-0.02}d_{50}^{-0.02}$,其中$m$是河岸的边坡稳定系数,$D_{50}$为床沙中值粒径,$Q_m$为年平均流量,$S$为悬移质含砂量,$d_{50}$为悬移质中值粒径。从上式可以看出,流量、河岸与河床物质组成对河相系数的影响还是比较大的。

以上分析,均是从流域因素的角度来进行分析,即从流量、含砂量、河床物质组成和河岸黏性物质含量等角度对河相关系的响应关系式进行分类。但回归到河床演变的基本原理来说,河道形态的改变与河流所处的能态是密切相关的。下面就从河流功率角度,分析其对河相关系的影响。

河流功率代表了河流所具有的能量大小,河流的年来砂量则代表了河流所需要输送的泥沙,两者之间的对比,则反映了河道的冲淤和横断面形态的发展趋势,下面就以黄河下游7个水文站1960~2010年的数据为基础,将水文站的河流功率及年来砂量作为影响河道河相系数(B/h)的影响因子,建立宽深比的关系式,具体如下:

$$B/h = 21\,226\omega_{V,bf}^{-2.35}W_s^{0.22} \tag{6-3}$$

式中:B/h为宽深比;B为河宽,m;h为水深,m;$\omega_{V,bf}$为河流功率,W/m^2;W_s为年砂量,亿t;相关系数$R^2 = 0.56$。

具体关系式回归过程见表6-3。可以看出,河相系数与河流功率$\omega_{V,bf}$为明显的负相关关系,与年来砂量W_s呈明显正相关关系,即河流功率越小,进入河道的泥沙越多,则河道的宽深比越大,河道越容易宽浅。表中Significance F为5×10^{-59},远小于显著性水平0.05,说明该回归方程回归效果显著。表6-3中河流功率$\omega_{V,bf}$和W_s统计量的p值分别为6.887 3×10^{-58}和5.826 3×10^{-8},远小于显著性水平0.05,这说明河流功率$\omega_{V,bf}$和W_s这两个自变量与Y高度相关。总之,该公式能显著表明宽深比与来砂量的相关性。

表 6-3　河相系数回归统计

SUMMARY OUTPUT

回归统计	
Multiple R	0.750 478 35
R Square	0.563 217 76
Adjusted R Square	0.560 521 57
标准误差	0.765 959 58
观测值	327

方差分析

	df	SS	MS	F	Significance F
回归分析	2	245.113 976	122.556 988	208.894 198	5E−59
残差	324	190.088 88	0.586 694 07		
总计	326	435.202 856			

	Coefficients	标准误差	t Stat	P-value	Lower 95%	Upper 95%	下限 95.0%	上限 95.0%
Intercept	9.962 967 66	0.244 447 224	0.757 132 6	1.415E−129	9.482 063 547	10.443 871 8	9.482 063 55	10.443 871 8
X Variable 1($\omega_{V,bf}$)	−2.328 769	0.117 391 99	−19.837 546	6.887 3E−58	−2.559 715 799	−2.097 822 3	−2.559 715 8	−2.097 822 3
X Variable 1(W_a)	0.222 355 69	0.040 035 3	5.553 991 4	5.826 3E−08	0.143 593 742	0.301 117 63	0.143 593 74	0.301 117 63

6.2　河道平面形态的变化

本节游荡型河道平面形态特征用以下几个特征参数来表征:水面面积、心滩边滩面积和心滩边滩面积占水面比例(%),平滩河宽,河长,弯曲系数,河湾个数和辫状强度。不同年份的平面形态特征与水位密切相关,因此在本次研究中均采用历年汛后的平面图来进行分析。

6.2.1　心滩和边滩变化

黄河下游高村以上河段,历来被定义为典型的游荡型河段。尤其是夹河滩以上河道多沙洲汊河,宽浅散乱,心滩和边滩变化较快,并伴随着主流的来回摆动。根据 1960 年以来的遥感影像和航空卫片,提取了典型年份从小浪底至高村的水面线变化图,均为历年汛后(10 月前后)的水面线。1960 年以来由于人类活动,天然来水来沙和河道整治工程的影响,游荡型河道的平面形态发生了剧烈的变化。

如图 6-8~图 6-12 所示,可以看出 1960 年是河道心滩和边滩发育最多的年份。此时水面宽广,心滩边滩遍布。尤其是花园口以上河段,平均水面宽为 4 003 m(见表 6-4),水面面积(平面)为 519 km²,心滩和边滩面积为 209 km²,其中心滩和边滩就占到了 40%。

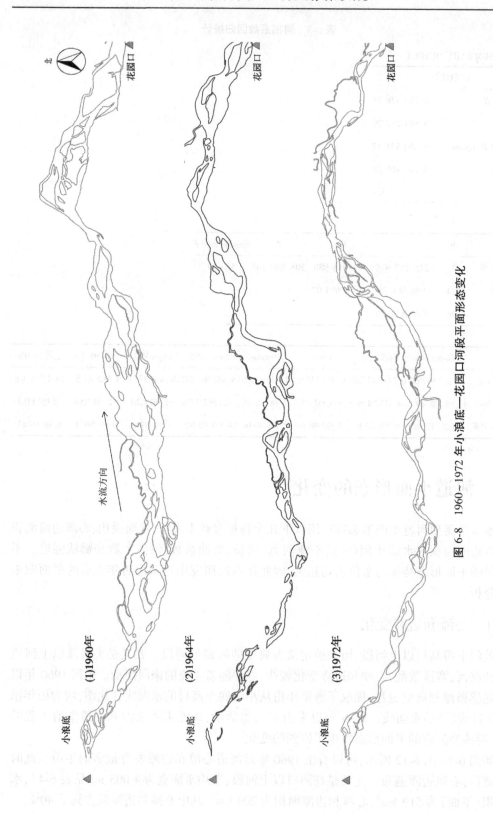

图 6-8　1960~1972 年小浪底—花园口河段平面形态变化

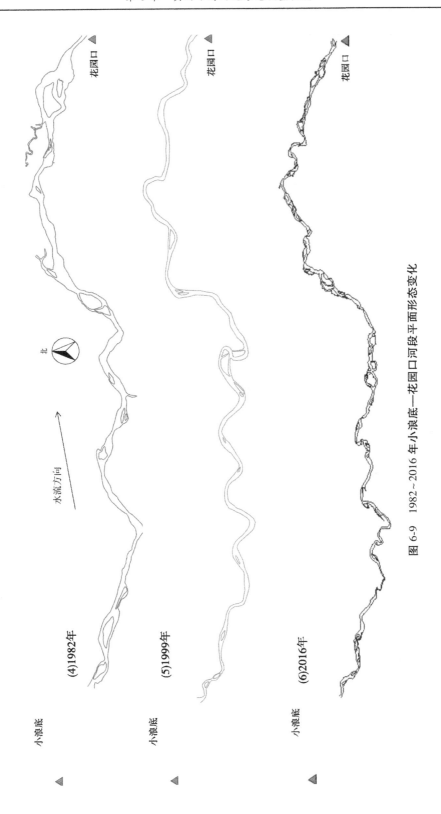

(4)1982年

(5)1999年

(6)2016年

图 6-9　1982～2016 年小浪底—花园口河段平面形态变化

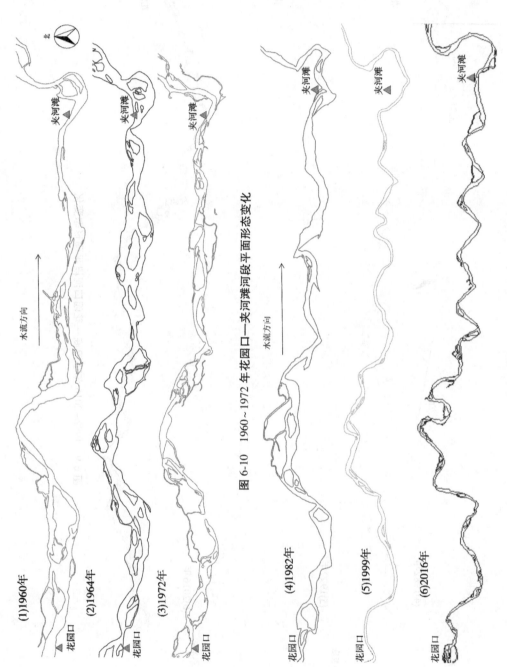

图 6-10　1960～1972 年花园口—夹河滩河段平面形态变化

图 6-11　1982～2016 年花园口—夹河滩河段平面形态变化

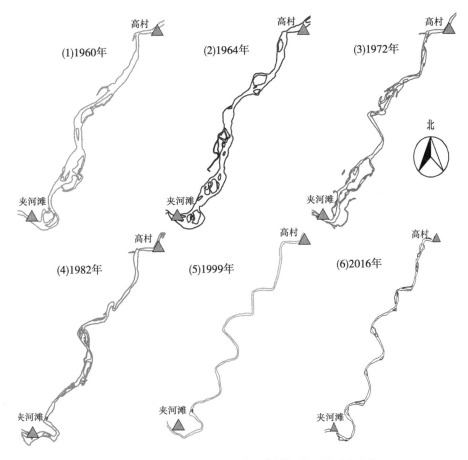

图 6-12 1960~2016 年夹河滩至高村河段平面形态变化

该河段共有 61 个心滩,平均每 2.13 km 出现 1 个。经过 1960~1964 年三门峡水库蓄水拦沙运用的影响后,河道发生了冲刷下切。该河段心滩和边滩面积有所减小,其中水面面积为 350 km²,心滩和边滩面积为 130 km²,约占全部水面的 37%。由于来水来沙的持续减少,至 1972 年水面面积持续减小,心滩和边滩面积变化不大,因此心滩和边滩面积占水面面积的 50%。1982 年花园口以上河段则出现了明显的变化,以前宽浅散乱、心滩遍布的特征只在局部河段出现(见图 6-9),整个河段主流比较归顺,大部分呈现出一股河的特征,此时心滩和边滩面积约占水面面积的 19%。1999 年为黄河下游水沙变化趋势的转折点,1986~1999 年是黄河下游来水较枯的时期。1999 年是花园口以上河段主流最归顺,心滩和边滩个数最少,面积最小的年份。其中水面面积为 95 km²,心滩和边滩面积为 11 km²,心滩和边滩面积仅占水面面积的 11%。2000 年开始,小浪底水库进入拦沙运用初期,除调水调沙运用外,其余时间均清水下泄,河道发生了明显的冲深下切。至 2015 年水面面积变化不大,河道仍然是单股河流的外形,但心滩和边滩个数有所增多,甚至比 1982 年还多。但心滩和边滩的面积较小,约为 20 km²,心滩和边滩面积占水面面积的 26%。

表 6-4　游荡型河段典型年份水面线、心滩和边滩变化

河段	1960 年	1964 年	1972 年	1982 年	1999 年	2016 年
	水面面积/km²					
小浪底—花园口	519	350	271	170	95	76
花园口—夹河滩	300	311	221	193	65	74
夹河滩—高村	166	179	120	85	40	59
小浪底—高村	985	840	612	448	200	210
	心滩面积/km²					
小浪底—花园口	209	130	135	33	11	20
花园口—夹河滩	117	96	141	55	5	21
夹河滩—高村	43	44	47	17	0	12
小浪底—高村	368	269	323	104	16	53
	平均水面宽/m					
小浪底—花园口	4 003	2 700	2 093	1 309	736	588
花园口—夹河滩	2 977	3 086	2 190	1 914	641	735
夹河滩—高村	2 281	2 464	1 652	1 173	545	819
小浪底—高村	3 249	2 772	2 019	1 477	659	692
	心滩占水面比例/%					
小浪底—花园口	40	37	50	19	11	26
花园口—夹河滩	39	31	64	28	8	28
夹河滩—高村	26	24	40	20	0	20
小浪底—高村	37	32	53	23	8	25
	心滩个数/个					
小浪底—花园口	61	56	53	15	14	55
花园口—夹河滩	27	45	45	14	14	49
夹河滩—高村	13	24	20	19	0	17
小浪底—高村	101	125	118	48	28	121

花园口至夹河滩河段仍然是心滩遍布(见图 6-10)、主流散乱的河段。该河段河长 100.8 km,比花园口以上河段短 29 km。1960 年,该河段平均水面宽为 2 977 m,比花园口以上河段小 1 026 m。水面面积约为 300 km²,心滩和边滩面积为 117 km²,心滩与边滩面积占水面面积比例为 39%,与花园口以上河段基本相同。1964 年心滩边滩面积变化不大。至 1972 年,水面面积减小为 221 km²,心滩面积为 141 km²。1982 年,心滩和边滩面积持续减小,水面宽也减小为 1 914 m。1999 年,心滩和边滩几乎消失,约占水面的 8%,河道呈现出明显的弯曲型河道的外形。小浪底水库开始进入拦沙运用初期后,到 2016 年该河段水面宽为 588 m。河道的心滩和边滩面积也略有增加,占水面面积的 28%。整体来说,目前该河段仍然是呈现弯曲型河道的外形,局部有心滩和边滩。

夹河滩至高村河段,河长 72.6 km。该河段较其以上河段河宽较小。1960 年该河段平均水面宽 2 281 m,心滩和边滩也较多。其中水面面积 166 km²,心滩和边滩面积为 43 km²,占水面面积的 26%。1964 年心滩边滩面积分布与 1960 年相比,变化不大。至 1972 年则水面面积有所减小,较 1960 年减小约 28%,而心滩面积变化不大。1982 年,该河段心滩和边滩大幅减少。至 1999 年,该河段没有出现心滩和边滩,河道完全呈现出弯曲型河道的外形。2016 年,河湾均很稳定,仅在局部出现 17 个较小心滩,心滩总面积仅 12 km²。

6.2.2　平滩河宽、河长和弯曲系数变化

河道平面形态的变化这里用平滩河宽 B、河长 L、弯曲系数 P 和河湾半径 R 来评价。河长 L(m)是沿着河道主流线的方向来量取的。弯曲系数 P 是指河道主流线长度与河谷长度比值(Leopold et al.,1957),河谷长度是指河谷轴线的长度(Lane,1957)。

小浪底至高村河段 303 km 范围内,共布设断面 155 个,平均 2 km 一个断面。现根据河段平均情况给出了平面形态参数情况,如表 6-5~表 6-7 所示。从沿着河道下游方向的空间角度来看,平滩河宽不断减小。从时间变化角度去分析,自从 1960 年以来,不同时段平滩河宽逐渐减小。但夹河滩以上段,由于 2000 年以来小浪底水库的拦沙运用影响,该时期河段平均河宽较 1986~1999 年略有展宽。河宽的变化受流量的影响较大,其中花园口站 1960~1964 年和 1965~1973 年由于年均水量约为 526 亿 m³ 和 423 亿 m³,因此河宽均较大,铁谢—花园口、花园口—夹河滩和夹河滩—高村河段平均为 2 000~2 200 m、1 600~2 100 m 和 1 300~1 500 m。而在 1986 年之后,由于上游龙刘水库联合运用和天然来水的影响,年水量锐减至 277 亿 m³,河道明显萎缩,3 个河段分别减小为 1 300 m、1 300 m 和 760 m 左右。同时,来沙量对河宽的影响也较大,2000 年后由于小浪底水库蓄水拦沙运用,进入下游的沙量迅速减小,虽然年水量约为 250 亿 m³,较 1986~1999 年越减少 20 亿 m³,但 2000 年后高村以上河宽却是略有增大的,因为含沙量较小,河道冲刷展宽。

表 6-5　黄河下游河道平面形态参数(铁谢—花园口)

年份	平滩河宽 B/m	河长 L/km	平滩面积/m²	弯曲系数 P	河湾半径 R/m	主流横向变幅/m
1960~1964	2 091	109.1	3 847	1.06	3 210	674
1965~1973	2 204	111.0	3 069	1.08	2 747	897
1974~1985	1 833	113.2	3 109	1.10	3 178	690
1986~1999	1 298	118.8	2 443	1.15	2 694	317
2000~2015	1 330	121.4	4 458	1.18	1 904	236
1960~2015	1 638	116.2	3 387	1.13	2 627	496

表 6-6　黄河下游河道平面形态参数(花园口—夹河滩)

年份	平滩河宽 B/m	河长 L/km	平滩面积/m²	弯曲系数 P	河湾半径 R/m	主流横向变幅/m
1960~1964	2 100	110.8	3 057	1.10	3 589	1 126
1965~1973	1 646	112.1	1 995	1.11	2 408	1 251
1974~1985	1 534	111.2	2 257	1.10	3 315	1 087
1986~1999	1 293	115.7	1 748	1.15	2 378	977
2000~2015	1 320	121.8	3 179	1.21	2 964	352
1960~2015	1 481	115.5	2 422	1.15	2 860	916

表 6-7　黄河下游河道平面形态参数(夹河滩—高村)

年份	平滩河宽 B/m	河长 L/km	平滩面积/m²	弯曲系数 P	河湾半径 R/m	主流横向变幅/m
1960~1964	1 310	77.9	4 211	1.07	3 387	1 134
1965~1973	1 482	80.8	2 602	1.11	2 275	891
1974~1985	790	86.6	2 590	1.19	2 468	909
1986~1999	756	90.1	1 659	1.24	2 183	293
2000~2015	691	91.2	2 679	1.25	2 558	183
1960~2015	911	87.0	2 529	1.20	2 458	600

　　1960 年后各河段的河长均在不断增长,如表 6-5~表 6-7 所示,但在 1986 年之前增长较小(见图 6-13),仅夹河滩至高村河段,在 1976 年和 1977 年主流线明显增长,是因为在该河段产生 2 处畸形河湾。一处是油坊寨断面附近的单寨工程处产生畸形河湾,且主流摆动左岸滩地,形成了一个较大的河湾。另一处是在霍寨险工处形成畸形河湾,导致主流线增长。而且在 1978 年,畸形河湾消失,主流线恢复原来长度。其中 1975 年夹河滩至高

村河段主流线长为 74.9 km,1976 年和 1977 年分别为 86.7 km 和 86.6 km,至 1978 年裁弯之后,主流线长又减小为 71.3 km。而在 1986 年后各河段主流线增幅略大(如图 6-13 所示)。2000 年后,河道主流线长均大于多年平均值(1960~2015 年)。这主要与水沙条件和工程修建密切相关。20 世纪 60 年代初,黄河下游河道整治工程以险工为主,工程数量很少,且水量比较丰沛。三门峡水库下泄清水期间,河势变化剧烈,险情严重,塌滩迅速,导致了 20 世纪 60 年代后期开始的河道整治快速发展,这种步伐一直延续到 1974 年(端木礼明,2002),随后有所放慢。另外,通过对进入黄河下游水沙变化突变趋势的分析(详见第 3.1 节),1985 年前后水沙均发生突变。由于龙羊峡水库投入运用,进入下游的水沙明显减小。小水情况下,主流线则增长。因此,由于水沙和工程建设的双重影响,1986 年以后,主流明显归顺,心滩和边滩减少,河道主流线长度增长,相应的弯曲系数也有所增加。

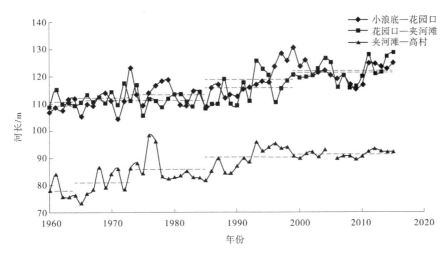

图 6-13　游荡型河段不同时期河长变化

如表 6-5~表 6-7 和图 6-14 所示,小浪底至花园口河段 1960~1964 年平均弯曲系数约为 1.06;至 1986~1999 年,弯曲系数则增加为 1.15,2000~2015 年则继续增加为 1.18。其中,1999 年该河段弯曲系数甚至达到了 1.27,接近弯曲型河段的临界弯曲系数 1.3。花园口至夹河滩河段弯曲系数与小浪底花园口河段接近,即 1960~1964 年最小,约为 1.10,至 1990 年以后弯曲系数增大,2000~2015 年平均约为 1.21。其中该河段 2015 年弯曲系数达到了 1.28,夹河滩至高村河段,1960~1964 年弯曲系数为 1.07,1986~1999 年增加为 1.24,2000~2015 年变化不大。除 1976 年和 1977 年外,1993 年和 1996 年该河段弯曲系数达到了 1.31。

河湾半径的变化趋势与弯曲系数相反。1960~1986 年以前水沙条件较为丰沛,河道宽浅散乱,河道弯曲系数较小,此时河湾半径均较大。"大水趋直"的意思,就是指在流量比较大的情况下,河道主流线趋于顺直走向,而此时则弯曲系数较小,河湾半径较大。1986 年后,来水来沙减少,尤其 2000 年以后,来沙锐减,主流归顺,弯曲系数增大,河道开始走小湾路线,河道弯曲半径较小。2000 年以后,花园口以上河段、花园口至夹河滩河段

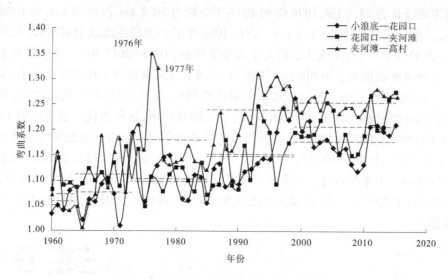

图 6-14　游荡型河段不同时期弯曲系数变化

和夹河滩至高村河段的河湾半径约为 1.9 km、2.96 km 和 2.56 km,比 1960~1964 年河湾半径减少 41%、17% 和 24%。

图 6-15 为 1986~2010 年各河段河湾个数变化过程,可以看出,各河段河湾个数在 1996 年之后相对之前较稳定。2000 年以来铁谢—伊洛河口、花园口—黑岗口、夹河滩—高村河段平均河湾个数分别为 8 个、9 个和 10 个,分别与各自河段治导线河湾个数基本一致。

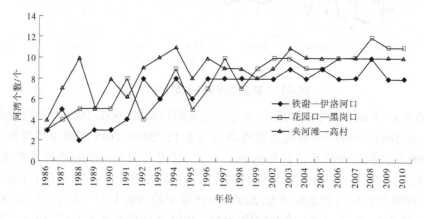

图 6-15　各河段河湾个数变化

6.2.3　辫状强度

早期 Leopold et al.(1957)将冲积性河流分为顺直河流、弯曲河流和辫状河流。辫状河流被定义为河道呈现多股,横向可动性强的河流。而游荡型河道,国外学者常归为辫状河型。对于辫状河流的特征用哪种指标来描述辫状强度,地貌界学者开展了大量研究,而且争议也较多(Brice,1960,1964;Rust,1978;Germanoski et al.,1993;Howard et al.,1970;Hong et al.,1979;Mosley,1981;Friend et al.,1993;Egozi et al.,2008)。总的来说分为两大类,即综合弯曲系数(BI_B 、 BI_B^* 、 BI_λ 和 BI_{T1})和汊道系数(P_T 、 P_T^*)。本次研究选取 Mosley(1981)提出的汊道系数 P_T^* 来描述辫状河流强度:

$$P_T^* = \sum L_L / \sum L_{ML} \qquad (6\text{-}4)$$

式中: L_L 为汊道长度; L_{ML} 为主流长度,如图 6-16 所示。

　　因汊道系数对水位具有一定的敏感性,同一条河流在不同水位下,其辫状强度参数会有所不同。因此,本次分析历年的汊道系数 P_T^* 除 2015 年外,均选用每年汛后,即每年 10 月左右的平面图来进行分析。

　　从前面的分析可知,1960 年、1964 年河道心滩和边滩较多,且面积较大,河道整体较为散乱。这里从辫状强度的角度来看,1960 年和 1964 年均为小浪底—花园口河段和花园口—夹河滩河段辫状强度最强的年份(见表 6-8 和图 6-17),其河段平均汊道系数 P_T^* 分别为 3.16 和 2.81,最高分别达到了 5.18 和 3.84。随着水沙减少和工程建设逐步完善,汊道系数 P_T^* 逐渐减小,其中 1999 年达到了最小,河段平均汊道系数 P_T^* 分别为 2.02 和 2.05。2016 年,由于受小浪底水库拦沙运用的影响,河道冲刷下切,较 1999 年增加了一些小心滩和边滩,小浪底—花园口河段和花园口—夹河滩河段汊道系数 P_T^* 分别增加为 2.41 和 2.27。夹河滩—高村河段的辫状强度则略小于前两个河段,1960 年和 1964 年河段平均汊道系数 P_T^* 分别为 2.55 和 2.59,1972 年减小为 2.12,1982 年又恢复到了 2.59,至 1999 年汛

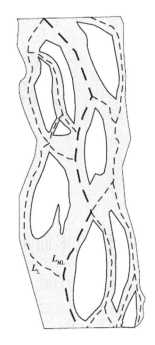

图 6-16　汊道系数
示意图(Mosley,1981)

后,则该河段心滩全部消失,如图 6-17 所示,河道属于明显的弯曲型河道。至 2016 年,则由于局部出现的小心滩和边滩,平均河道分汊系数 P_T^* 增加为 2.21,但整体来说,夹河滩—高村河段仍然是弯曲型河道的外形。

表 6-8　不同河段辫状强度(汊道系数)

年份	汊道系数 P_T^*		
	小浪底—花园口河段	花园口—夹河滩河段	夹河滩—高村河段
1960	3.16	2.73	2.55
1964	2.72	2.81	2.59
1972	2.38	2.64	2.12
1982	2.28	2.32	2.59
1999	2.02	2.05	1.00
2016	2.41	2.27	2.21

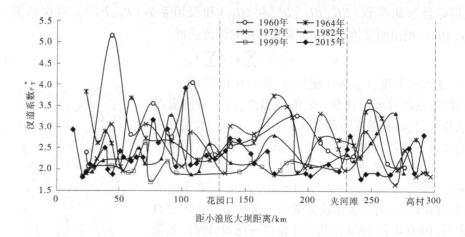

图 6-17　不同年份辫状强度沿程变化

6.3　河道平面形态变化与河流能态之间的关系

从图 6-18 可以看出,随着河流不平衡程度的提高,J_{min}/J_c 越大,即河道实际比降越远远小于输沙平衡所需比降,则河道的心滩和边滩面积越大,河势越散乱。同时,通过图 6-19 也可以看出,河道越远离平衡态,J_{min}/J_c 越大,则河道的弯曲系数越小,河道越容易发展为趋于顺直的、心滩边滩较多的河道。河道越远离平衡态,河流功率越小,则河道分汊系数越大(见图 6-20),河道的辫状强度越大。

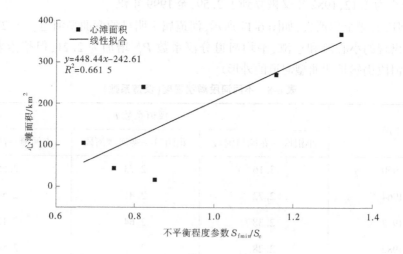

图 6-18　心滩面积与游荡型不平衡程度关系

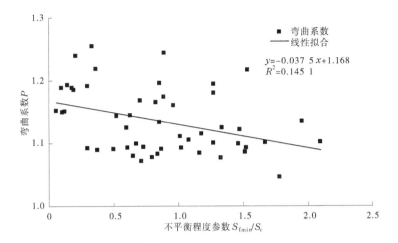

图 6-19　弯曲系数与游荡型不平衡程度关系

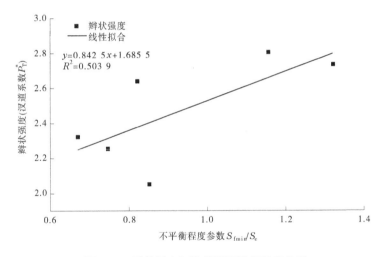

图 6-20　辫状强度与游荡型不平衡程度关系

6.4　小　结

（1）1960~2015 年黄河下游各典型水文站的河流功率分布在 2.9~12.3 W/m²。高村以上河段不同时期的河流功率均值一般在 4.4~8.5，高村以下河段的河流功率则略大于高村以上，其不同时期平均值一般在 6.5~13.4 W/m²。其中，1960~1964 年，花园口、夹河滩和高村（游荡型河段）的河流功率分别为 6.8 W/m²、8.5 W/m² 和 6.5 W/m²，而 2000~2015 年则分别减小为 5.0 W/m²、5.9 W/m² 和 6.9 W/m²。1960~1964 年，孙口和泺口的河流功率平均为 12.3 W/m² 和 10.4 W/m²，2000~2015 年则减为 6.8 W/m² 和 7.8 W/m²。

（2）将国际上 192 条河流的 228 组数据与黄河下游游荡型河段河流功率放在一起，

可以看出黄河下游游荡型河段属于河流功率非常小、河流能态非常低的河流。其能态非常低的原因就在于,河道比降偏小,而河宽和河道宽深比均较大。较小的河流功率,却要输送较多的来沙,因此导致河流不断游荡摆动,淤积抬升。建立了黄河下游河相系数与河流功率和来沙量之间的关系,结果表明,河相系数与河流功率 $W_{V,bf}$ 为明显的负相关关系,与年来沙量 W_s 呈明显的正相关关系,即河流功率越小,进入河道的泥沙越多,则河道的宽深比越大,河道越容易宽浅。

(3)高村以上河段(游荡型河段),在1960年是河道心滩和边滩发育最多的年份。此时水面宽广,心滩边滩遍布,平均水面宽为 3 249 m,水面面积(平面)为 985 km²,心滩和边滩面积为 368 km²,其中心滩和边滩就占到了 37%。至 1972 年水面面积持续减小,心滩和边滩面积变化不大,其占水面比例增加至 53%。至 1982 年则花园口以上河段出现了明显的变化,整个河段主流比较归顺,此时心滩和边滩面积比例减小至 23%。1999 年是高村以上河段,主流最归顺,心滩和边滩个数最少,面积最小的年份,其中水面面积为 200 km²,心滩和边滩面积为 16 km²,心滩和边滩面积仅占 8%。夹河滩至高村河段,在 1999 年没有心滩和边滩,主流呈现出明显弯曲型河道的外形。至 2016 年水面面积变化不大,河道仍然是单股河流的外形,但心滩和边滩个数有所增加,甚至比 1982 年还多。但心滩和边滩的面积较小,约为 12 km²,心滩和边滩面积占水面面积的 22%。

(4)河道弯曲系数的变化则明显呈现出一个增加的趋势,1960~1990 年期间,各河段主流线长度的变化较小。1990 年以后,主流明显归顺,心滩和边滩减少,河道主流线长度增长,相应的弯曲系数也有所增加。其中 1960~1964 年,花园口以上河段、花园口至夹河滩河段和夹河滩至高村河段的弯曲系数分别为 1.06、1.10 和 1.7,至 2000~2015 年则增加为 1.18、1.21 和 1.25。河湾半径的变化趋势与弯曲系数相反,1960~1986 年以前水沙条件较为丰沛,河道宽浅散乱,河道弯曲系数较小,此时河湾半径均较大。2000 年以后,花园口以上河段、花园口至夹河滩河段和夹河滩至高村河段的河湾半径约为 1.9 km、2.96 km 和 2.56 km,比 1960~1964 年河湾半径减少 41%、17% 和 24%。

(5)本书游荡型河道的辫状强度,采用汊道系数 P_T^* 来描述。1960 年和 1964 年为夹河滩以上河段辫状强度最大的年份,其河段平均汊道系数 P_T^* 分别为 3.16 和 2.81,最高分别达到了 5.18 和 3.84。至 1999 年平均汊道系数 P_T^* 达到了最小,分别为 2.02 和 2.05。而到 2016 年,由于小浪底水库拦沙运用,河道冲刷下切,则辫状强度略有增加。

(6)通过分析 1960~2016 年河道平面形态特征,发现河道不平衡程度越强,即 J_{min}/J_c 越大,则河道心滩和边滩面积越大,弯曲系数越小,辫状强度越大。也就是说,河道所具有的能坡 J_c 越小于 J_{min},河道能态越小,河道越容易宽浅散乱,弯曲系数越小,主流摆动越频繁。

第 7 章　菏泽河段河势演变特点分析

7.1　治导线规划参数

7.1.1　整治流量

在三门峡水库采用"蓄清排洪"方式运用后至 2000 年以前,进入黄河下游的水量较丰,4 000 m³/s 以上流量级出现的频率较高,黄河下游的平滩流量也在 5 000 m³/s 左右,因此河道整治采用的整治流量为 5 000 m³/s。2000 年以后,考虑到 1986 年以来进入下游的水沙条件发生较大变化,来水减少,主槽淤积,整治流量由原来的 5 000 m³/s 调整为 4 000 m³/s。

7.1.2　整治河宽

整治河宽是指进行河道整治后与整治流量相应的直河段的水面宽度。对黄河下游河段而言,整治河宽是个虚拟值。根据实测资料分析和计算情况,结合多年下游河道整治工程建设经验,小浪底水库运用后各河段的整治河宽见表 7-1。

表 7-1　黄河下游在小浪底水库运用后各河段整治河宽

序号	河段	河道长/km	整治河宽/m
1	白鹤镇—伊洛河口	45	800
2	伊洛河口—高村	254	1 000
3	高村—孙口	123	800
4	孙口—陶城铺	42	600
5	陶城铺—宁海	322	

注:陶城铺以下河段受地形及已建工程的限制,局部河段整治河宽不足 500 m,其中聊城艾山对岸为外山,河宽仅有 370 m;济南北郊的北店子至曹家圈、章丘的胡家岸至济阳的沟阳河段以及利津宫家险工、刘家峡险工、小李庄险工上下,堤距仅 500 m 左右。

7.1.3　排洪河槽宽度

排洪河槽宽度(B_f,见图 7-1)主要是针对进行中水整治时必须满足防洪要求而提出的。其定义为,以防洪为主的河道整治,按照中水进行整治,在布置工程时,必须满足排洪要求,并使洪水过后河势不发生大的变化。

排洪河槽宽度的确定主要依据各控制水文站主槽平均单宽流量的大小计算得出。考虑到目前漫滩流量各不相同,同时考虑到超标准洪水和主流游荡摆动范围对排洪宽度要求的安全储备,黄河下游游荡型河段排洪河槽宽度原则上按不小于 2.0~2.5 km 考虑。高村至孙口河段河道整治排洪河槽宽度的确定主要依据高村水文站洪水期主槽的平均单宽流量统计分析得出。据现有的防洪标准,高村站为 20 000 m³/s、孙口站为 17 500 m³/s,按高村站平均单宽流量 11.57 m³/s 计算,两个断面的最小排洪河宽为高村站 1 730 m、孙口站 1 510 m。考虑到河道可能发生超标准洪水,现阶段高村至孙口河段的排洪河槽宽度宜不小于 2 km,孙口至陶城铺河段排洪河宽可适当减小。

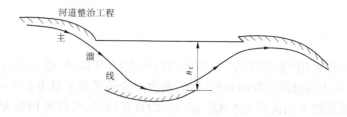

图 7-1　排洪河槽宽度示意图

7.1.4　治导线

治导线也称整治线,是指河道经过整治后在设计流量下的平面轮廓。一般用两条平行线表示。治导线示出的是一条流路,给出流路的大体平面位置,而不是某河段固定的水边线(胡一三,2006)。由于影响流路的因素很多,流路及相应的河宽均在变化的过程中,尤其是经过丰水、中水和枯水的过程,即使经过河道整治,其流路也会发生一些提挫变化,弯道的靠溜部位、直河段的左右位置等都可能有所变动。但是目前河道整治还是以经验为主,近阶段的实践也表明,用两条平行线来描述控导的中水流路,即可满足河道整治的需要,又便于确定整治工程和位置。

治导线的确定除要分析以往的河势观测资料外,还需考虑整治河宽、排洪河槽宽度、现有工程布局、两岸工农业发展状况等社会和自然因素,并结合以往的治河经验以及物理模型、数学模型试验结论综合确定。治导线确定的原则是:①防洪为主,兼顾引水、护滩;②弯道布局合理,曲率半径和中心角适中;③充分利用现有工程;④弯道设置应充分考虑上下游、左右岸及工程修建条件。1999~2006 年,针对小浪底水库建成后黄河下游河道整治问题,黄委进行了大规模的研究,确定了黄河下游陶城铺以上河段河道整治治导线及工程布局方案。

整治工程位置线是依据治导线而确定的但又区别于治导线。工程位置线一般采用复式弯道。在一般情况下,工程线中下部分多与治导线重合,而工程线上部都要采用放大弯曲半径或采用沿治导线上段某点的切线退离治导线,以适应不同的来溜情况(见图 7-2),即"上平、下缓、中间陡"。

夹河滩—陶城铺以上河段河道整治治导线详见表 7-2 和图 7-3。该河段弯道半径(工程上部 R_1)在 1 200~5 800 m,平均为 2 992 m。直线段长度在 1 244~10 123 m,平均直线段长度为 3 762 m。

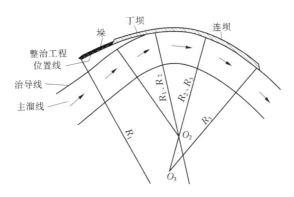

图 7-2　整治工程位置线与治导线的关系

表 7-2　黄河下游河道整治治导线参数统计

工程名称	治导线参数			
	整治河宽/m	弯道半径/m	中心角	直线段/m
夹河滩	1 000	3 352	62°5′0″	
东坝头	1 000	3 600	43°15′10″	2 981
		2 600	54°15′57″	
禅房	1 000	2 029	63°43′20″	4 761
		2 500	40°57′20″	
蔡集	1 000	3 700	89°20′49″	2 487
大留寺	1 000	2 495	42°57′4″	4 678
		3 200	32°18′42″	
王高寨	1 000	2 251	66°54′42″	4 660
新店集	1 000	3 600	18°21′2″	
周营	1 000	2 911	74°55′32″	2 589
		4 500	39°8′7″	
老君堂	1 000	2 134	84°32′2″	3 420
榆林	1 000	2 183	57°20′24″	1 645
		4 500	27°18′34″	
堡城	1 000	3 068	47°36′58″	8 954
		4 000	24°20′18″	
三合村	1 000	3 100	71°13′45″	1 378
青庄	1 000			
高村	800	2 500	37°22′5″	6 024

续表 7-2

工程名称	治导线参数			
	整治河宽/m	弯道半径/m	中心角	直线段/m
南上延	800	3 802	65°30′12″	3 775
南小堤				
刘庄	800	2 500	64°30′31″	10 123
连山寺	800	4 500	28°7′14″	1 432
苏泗庄	800	1 600	98°10′59″	4 988
龙长治	800	2 700	47°10′21″	1 590
马张庄	800	1 450	77°31′0″	1 244
营房	800	1 450	92°54′38″	6 647
		4 500	14°16′55″	
彭楼	800	2 600	51°26′14″	6 214
			9°28′36″	
老宅庄	800			
桑庄	800	2 000	42°12′46″	6 404
李桥	800	1 600	63°23′41″	2 826
邢庙	800	5 800	20°44′58″	
郭集	800	2 400	53°2′41″	3 964
吴老家	800	3 000	12°23′53″	2 483
		5 000	8°51′44″	
苏阁	800	2 050	74°33′54″	7 190
杨楼	800			位于直线段
孙楼	800	1 450	93°10′38″	1 962
		1 600	23°51′23″	
杨集	800	1 600	89°17′45″	1 313
韩胡同	800	2 520	56°47′11″	3 277
		5 500	14°48′21″	
伟庄	800	1 800	39°3′1″	3 761
		1 600	80°45′32″	2 027
		2 700	24°34′0″	
梁路口	800	1 605	118°53′48″	2 026
蔡楼	600	1 400	45°5′11″	1 348
		1 250	44°34′57″	

续表 7-2

工程名称	治导线参数			
	整治河宽/m	弯道半径/m	中心角	直线段/m
影堂	600	1 400	73°57′35″	2 167
		3 600	23°4′57″	
朱丁庄	600	4 000	9°6′49″	2 509
枣包楼	600	1 400	31°42′47″	4 716
国那里	600	1 200	89°42′26″	5 945
张堂	600	4 000	28°13′30″	4 257
徐巴什	600	4 000	20°27′11″	1 446
	600	1 490	44°54′6″	
陶城铺	600			

7.2　高村至伟庄河段河道整治与河势概况

1938 年,黄河在花园口附近决口后,黄河夺淮近 9 年,期间该河段没有行水,河道内人口增长较快,土地被大面积耕作,1947 年黄河回归故道。高村至陶城铺河段的河道整治经历了几个关键的阶段(胡一三,2006)。

7.2.1　第一阶段:1947~1964 年,河道整治前

1947 年黄河回归故道至 1960 年,河势演变的基本规律并未改变。1960 年三门峡水库开水蓄水拦沙,下游河道发生明显冲刷,主槽在下切的同时明显展宽。高村至伟庄主槽宽度从 600~800 m 展宽至 1 200~1 800 m,平滩流量由 5 000 m³/s 增加至 6 000~7 000 m³/s。1959~1964 年,为了防止三门峡水库下泄清水带来的滩岸坍塌,以"树、泥、草"为主修建了部分控导工程,但终因强度不足,几乎全部被冲毁,河势仍处于快速变化之中。该时期主槽两侧和滩地很少有防护工程,主流可在两岸大堤之间自然摆动。

该时期河势的主要变化特点是河势变化大,主流摆动频繁,剧烈变动的弯曲河段与相对平顺的顺直河段交替出险。弯曲河段,其间有裁弯现象发生,例如 1949~1959 年苏泗庄至营房之间的密城弯,长期以"Ω"形态存在(见图 7-3)。1959 年南小堤险工至刘庄险工的一个"S"型河湾,弯曲系数达到了 4.1,在汛期出险了自然裁弯现象。顺直段则表现出游荡型河道的特性。

高村至苏泗庄河段长约 32 km。早期修有高村、南小堤、刘庄和苏泗庄四处险工,均是堤防决口的老口门处,为堵口合龙时抢修而成,工程长度短,外形均凸向河中。其显著特点是顶溜外移,对下游堤防有一定的防护作用;缺点是导流能力弱,不同部位着溜、出溜方向均不一样。

苏泗庄至邢庙河段长约 46 km,是整治之前河势变化最剧烈的河段之一。其中苏泗庄至营房左岸没有工程,河道河湾发育,有名的密城弯就在这个河段。营房至邢庙河段,没有整治工程,河道平面外形相对顺直,主槽摆动幅度虽小于营房以上河段,但摆动频率

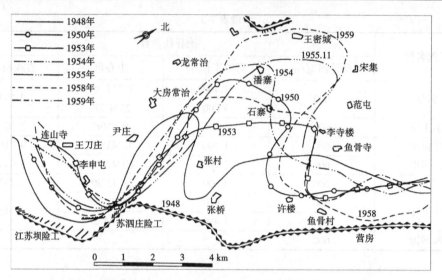

图 7-3　苏泗庄至营房河段 1948~1959 年主流线(胡一三,2006)

较大,具有一定的游荡性。

邢庙至伟庄河段长约 45 km。右岸布有苏阁、杨集、伟庄三处险工。左岸 1965 年前没有工程,主流摆动频繁,摆动范围达 5 000 m,险工附近的河势相对比较稳定。

7.2.2　第二阶段:1965~1974 年,河道集中整治期间

该时期下游河道整治方针也由"纵向控制,束水攻沙"改为"控导主流,护滩保堤"。该时期按照规划修建了大量的河道整治工程,修建的这些工程强化了河床边界条件,控制了河势变化,并使局部河段自然状态下不利的演变状况得到改善。由于除主槽摆动强度明显减弱外,河道的平面形态并没有发生较大的变化。

高村至苏泗庄河段,该时期河势与 1965 年前相似,即刘庄以上河势散乱,刘庄以下基本为顺直河段。

苏泗庄至邢庙河段,该河段 1965 年前分布有苏泗庄、营房、彭楼、李桥四处险工。河势的变化特点是"两头乱、中间稳",两头分别是密城湾、大罗庄湾及李桥湾弯顶上提下挫,变化不定;中间营房至旧城 12 km 河势比较稳定。

邢庙至伟庄河段,1968 年李桥自然裁弯,后溜势下挫(见图 7-4)。1969 年为防止郭集滩坍塌后退,在徐码头坐湾,修建了郭集工程。杨集险工靠溜对以下河势有一定的影响,杨集险工平面呈凸出形,靠溜段较短,送溜能力不足。1970 年又在对岸修了韩胡同工程,基本控制了河势。

7.2.3　第三阶段:1974 年后,河道整治工程完善期间

1974 年以前,高村至陶城铺河段河道整治工程布点已经基本结束;1974 年后,河势已较整治前有明显改善,主流线的摆动范围和年均摆幅也逐渐缩小。尽管如此,加上以往修建的工程布局上存在这样或那样的缺陷,因此需要完善。1974~1985 年上游来水偏丰,河势变化不大,主流摆动较小,河道整治工程靠溜较好,基本发挥了控导主溜的作用。

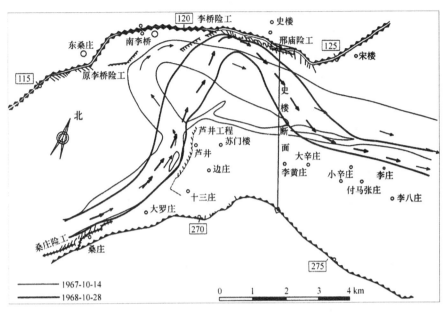

图 7-4　李桥裁弯河势变化(胡一三,2006)

　　高村至苏泗庄河段总体来说河势比较稳定,主要表现为溜势的上提下挫,虽有摆动但变化不大,主流线的摆动范围不超过 1 km。

　　苏泗庄至邢庙河段,1975~1979 年苏泗庄延长了导流坝并增加了下延工程,增强了苏泗庄至营房之间河势的稳定性。营房以下至彭楼河势比较稳定,彭楼断面主流摆动范围由整治前的 2 150 m 减小为 700 m。彭楼工程靠溜部位对老宅庄至芦井工程河势有较大的影响,图 7-5 为彭楼至邢庙河段 1976~1983 年主流线。1978 年以前,彭楼工程上部靠溜(23#坝以上),老宅庄和桑庄均靠溜,但芦井不靠河。1978 年后,彭楼工程下部靠溜,导致老宅庄靠溜位置上提,1982 年期间老宅庄工程 1#坝被冲毁,桑庄 17#、18#靠溜,芦井工程大水靠溜。

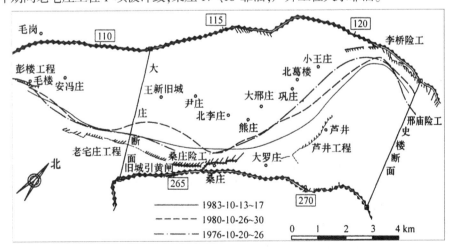

图 7-5　彭楼至邢庙河段 1976~1983 年主流线(胡一三,2006)

邢庙至伟那里河段,该时期河势基本稳定,变化不大。

7.2.4 第四阶段,1986～1999 年

该河段新修的工程已经较少,大多是工程的上延下续等。该河段河道摆动大大减弱,尤其是 1993 年之后,主流摆动幅度大幅减小,基本稳定在一个范围之内。

7.3 小浪底水库运用以来河势演变特点

7.3.1 河道平面形态参数变化

7.3.1.1 弯曲系数变化

黄河菏泽段位于山东黄河最上游,河道工程上起王夹堤工程,下至伟庄工程。其中高村以上 66 km 属游荡型河道,高村以下 119 km 属过渡型河道。本节分析从东坝头开始,至十里堡结束(陶城铺上游 15.6 km)。以河段起始与结束点连线均在大堤同侧为原则,整体分为 3 个小河段:东坝头—高村、高村—邢庙和邢庙—十里堡。河段弯曲系数受工程和水沙变化的影响较大,因此分为 1960～1964 年、1964～1974 年、1974～1986 年、1986～1999 年和 1999～2016 年来进行分析(见图 7-6)。

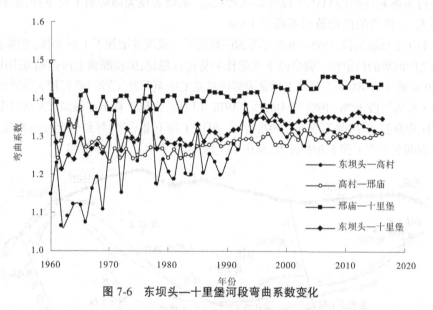

图 7-6　东坝头—十里堡河段弯曲系数变化

1960～1964 年,属于河道整治前期,该时期主槽两侧和滩地很少有防护工程,主流可在两岸大堤之间自然摆动。除东坝头—高村河段外,该时期河段的弯曲系数均比较大。东坝头—高村、高村—邢庙和邢庙—十里堡河段在该时期平均弯曲系数分别为 1.13、1.30 和 1.33(见表 7-3)。

1964～1974 年,该时期集中河道整治,修建了大量的河道整治工程,控制了河势变化,河道弯曲系数变幅数明显减小。该时期东坝头—高村河段弯曲系数明显增加为 1.20;高村—邢庙河段弯曲系数减小为 1.27;邢庙—十里堡河段弯曲系数变化不大,约为 1.39。

表 7-3　不同时期东坝头—十里堡弯曲系数

时段(年)	东坝头—高村	高村—邢庙	邢庙—十里堡	东坝头—十里堡
1960~1964	1.13	1.30	1.33	1.27
1964~1974	1.20	1.27	1.39	1.29
1974~1986	1.26	1.26	1.39	1.30
1986~1999	1.29	1.29	1.41	1.33
1999~2016	1.32	1.30	1.44	1.35

1974~1986 年,河道整治工程已逐步完善。整治工程靠溜较好,基本发挥了控导主溜的作用。上游来水偏丰,河势变化不大。仅东坝头—高村河段 1976~1977 年局部河段产生畸形河湾,河段平均弯曲系数为 1.43。该时期东坝头—高村河段平均弯曲系数较上个时期增大为 1.26,高村以下河段则变化不大。

1986~1999 年,进入下游的水沙锐减趋势。该三个河段弯曲系数略有增加,其中东坝头—高村和高村—邢庙河段弯曲系数均增加为 1.29,邢庙—十里堡河段弯曲系数则增加为 1.41。

2000~2016 年,由于小浪底水库进行拦沙运用,进入下游的水沙,尤其是沙量发生了锐减。除了调水调沙时期,大部分为清水下泄。该时期东坝头—高村河段弯曲系数继续增加至 1.32,高村—邢庙和邢庙—十里堡河段也增加至 1.30 和 1.44。

总之,东坝头—高村河段从 1949 年至今河道弯曲系数在逐渐增加(见图 7-6),其增幅最大,从 1949 年的 1.1 增加至 2016 年的 1.32。而高村—邢庙和邢庙—十里堡河段,在 1964 年之后,弯曲系数基本比较稳定,至目前弯曲系数约在 1.30。邢庙—十里堡河段,也是在 1964 年之后逐步稳定,1999 年后弯曲系数增幅略大,从 1.41 增至 1.44。

7.3.1.2　主流摆动变化

在分析主流摆动时,主要对主流的摆动范围和摆动强度进行了分析。选用了东坝头—十里堡河段布设的时间序列较长大断面来进行统计,通过每个大断面与主流线交点位置的变化,分析主流线的变化。

从表 7-4 可以看出,主流摆幅的变化从 1960~2016 年,整体呈现出减小趋势。其中东坝头—高村河段减幅最大,从 1960~1964 年平均值的 2 547 m 减小为 2010~2016 年的 485 m,且 1993 年前后减幅最大,从 1983~1993 年平均值的 1 733 m 减小为 1993~1999 年的 847 m。高村—邢庙和邢庙—十里堡河段分别从 1949~1960 年平均值的 1 466 m 和 1 296 m,减小为 2010~2016 年的 493 m 和 290 m。另外,高村—邢庙和邢庙—十里堡河段,在小浪底水库运用之后(1999~2010 年)的摆幅较 1993~1999 年有所增加,在 2010 年之后略有减小。

各河段主流摆动强度如表 7-5 所示,可以看出各河段的主流摆动强度均呈现出减小趋势。东坝头—高村河段摆动强度较大,摆动强度减小幅度也最大,从 1960~1964 年的 509 m/a 减小为 2011~2016 年的 63 m/a。高村—邢庙和邢庙—十里堡河段的摆动强度较小,1961~1964 年分别为 198 m/a 和 242 m/a,2011~2016 年分别减小为 70 m/a 和 41

m/a。从变化过程来看,东坝头—高村河段在 1993 年前后摆动强度减幅最大,高村—邢庙河段在 1964 年之后变化较小,邢庙—十里堡河段则在 1981 年之后变化较小。

表 7-4　东坝头—十里堡河段主流摆幅

单位:m

时段(年)	东坝头—高村			高村—邢庙			邢庙—十里堡		
	最大值	最小值	平均值	最大值	最小值	平均值	最大值	最小值	平均值
1960~1964	5 434	851	2 547	1 574	370	989	2 277	494	1 208
1964~1973	4 609	385	2 719	1 447	384	921	3 327	531	1 272
1973~1980	4 582	329	2 443	959	275	558	2 622	213	1 030
1980~1985	3 759	263	1 611	1 273	78	422	824	116	456
1985~1993	3 500	542	1 733	757	131	455	1 093	68	387
1993~1999	2 128	186	847	643	142	374	871	72	373
1999~2010	714	225	485	889	314	538	1 001	204	425
2010~2016	1 049	130	438	1 204	41	493	572	83	290

小浪底水库运用前后,东坝头—高村河段主流摆动强度减幅较大,由 1994~1999 年的 121 m/a 减小为 2011~2016 年的 63 m/a。高村—邢庙河段和邢庙—十里堡河段在小浪底水库运用前后摆动强度变化不大,均从 1994~1999 年的 53 m/a 变化为 2011~2016 年的 70 m/a 和 41 m/a。

表 7-5　1949~2016 年高村—十里堡过渡性河段主流摆动强度

单位:m/a

时段(年)	东坝头—高村	高村—邢庙	邢庙—十里堡
1961~1964	509	198	242
1965~1973	272	92	127
1974~1980	305	70	129
1981~1985	269	70	76
1986~1993	193	51	43
1994~1999	121	53	53
2000~2010	40	45	35
2011~2016	63	70	41

7.3.1.3　心滩的变化

夹河滩—高村河段,较其以上河段河宽较小。1960 年该河段平均水面宽 2 281 m(此处水面宽为遥感影像选取时间点水面的宽度,本节均相同),心滩也较多,水面面积 166 km²(此处水面面积为平面水面面积,本节均相同),其中心滩面积为 43 km²,占水面面积的 26%。1964 年心滩面积分布与 1960 年相比,变化不大。至 1972 年则水面面积有所减小,较 1960 年减小约 28%,而心滩面积变化不大。1982 年,该河段心滩大幅减少。至 1999 年,该河段没有出现心滩,河道完全呈现出弯曲型河道的外形。2016 年,河湾均很稳定,仅在局部出现 17 个较小心滩,平均水面宽 819 m,水面面积为 59 km²,心滩面积仅 12 km²,心滩面积占水边线内面积的百分比仅为 20%。夹河滩—高村河段平面形态变化见图 7-7。高村—孙口河段平面形态变化见图 7-8。

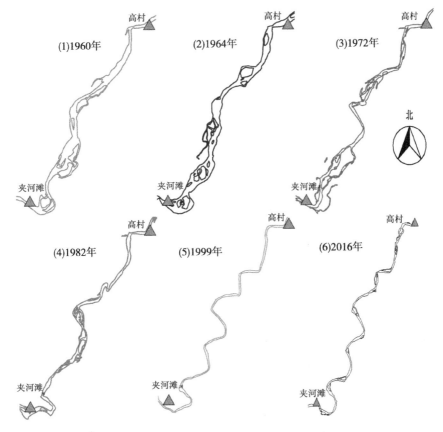

(1)1960年　(2)1964年　(3)1972年

北

(4)1982年　(5)1999年　(6)2016年

图 7-7　夹河滩—高村河段平面形态变化

7.3.1.4　送溜距离变化

根据黄河下游"微弯型河道"整治方案工程布局形式,将整治工程间迎送溜关系中各相关参数示于图 7-9(江恩惠,2008)。其中,工程送溜距离指水流离开控导工程后,不改变运行方向所能到达的理论距离,用 X 表示;河道整治工程末道坝的坝头切线至下一处工程的距离,用 e 表示;入流角度指来流直线入流河道工程与坝头连线交点之切线间的夹角,用 β 表示;靠溜长度指着溜点以下工程着溜长度,用 L 表示。若 X 与 e 值接近,说明工程配套较好,能有效地控制两河湾之间的河势;若 X 小于 e 过多,说明工程送溜能力弱,难以送溜下一河湾,导致下一工程不靠溜或靠溜概率减弱,不能按规划流路控导河势。

2000 年、2002 年和 2016 年夹河滩—伟庄河段各工程的送溜长度如图 7-10 所示。可以看出,小浪底水库运用初期,工程的送溜距离均较大,在 2002 年河段平均的送溜距离为 2 080 m,其中最长送溜距离为 4 546 m,最短为 593 m。此时,大部分河道工程能将主流送至下一工程迎溜段,主流与工程衔接较为理想。例如夹河滩—禅房[图 7-11(a)]、王高寨—周营[图 7-11(c)]和周营—老君堂[见图 7-11(d)]等。而至 2016 年,河段平均送溜长度减小为 1 550 m,其中最长送溜距离为 2 568 m,最短为 800 m,例如禅房—蔡集、王夹堤—大留寺[图 7-11(b)]、连山寺—营房[见图 7-11(h)]等。因此,2016 年与小浪底水库运用初期比,河道整治工程送溜长度大幅减小。

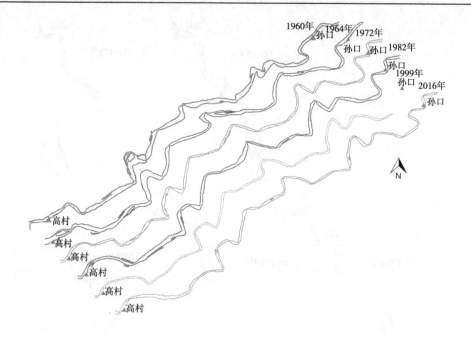

图 7-8 高村—孙口河段平面形态变化

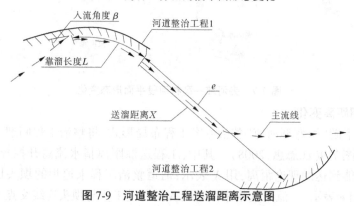

图 7-9 河道整治工程送溜距离示意图

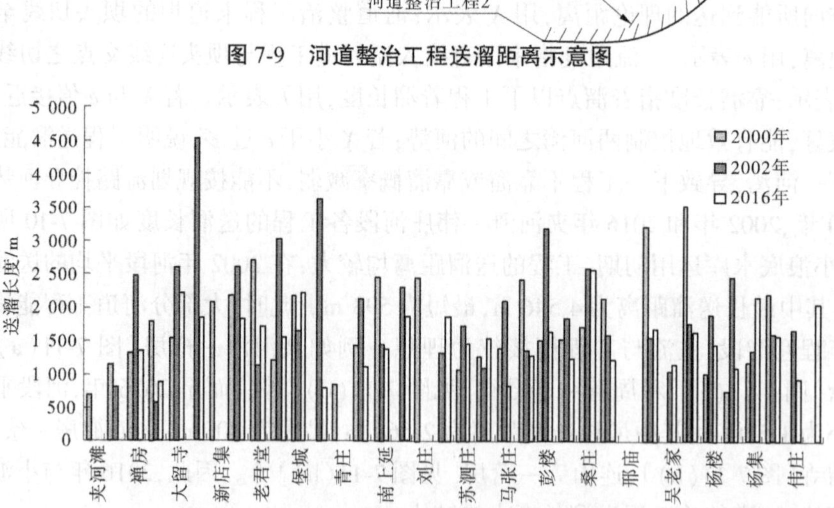

图 7-10 小浪底水库运用以来各工程送溜距离

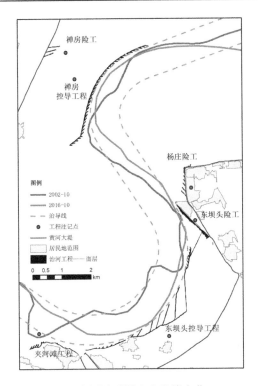

(a)夹河滩到禅房主流线变化

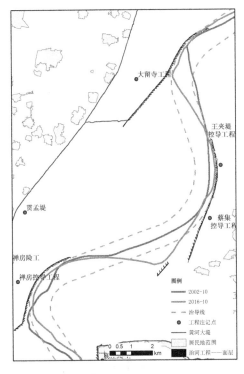

(b)禅房到大留寺主流线变化

图 7-11　主流线变化

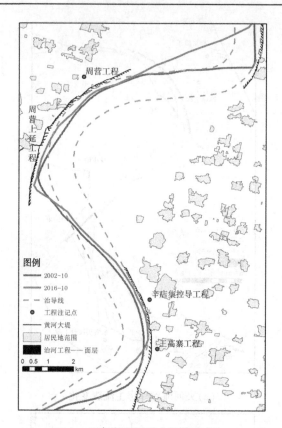

(c) 王高寨到周营主流线变化

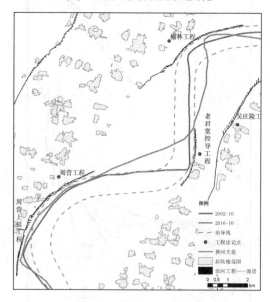

(d) 周营到老君堂主流线变化

续图 7-11

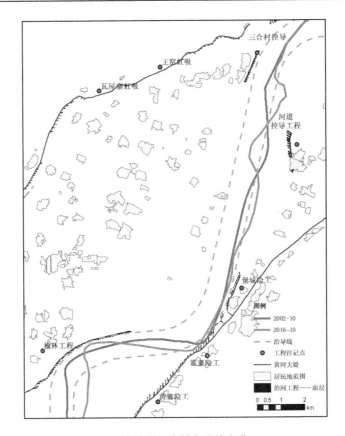

（c）榆林到三合村主流线变化

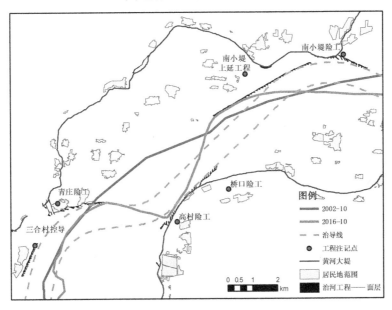

（f）河道工程到南小堤主流线变化

续图 7-11

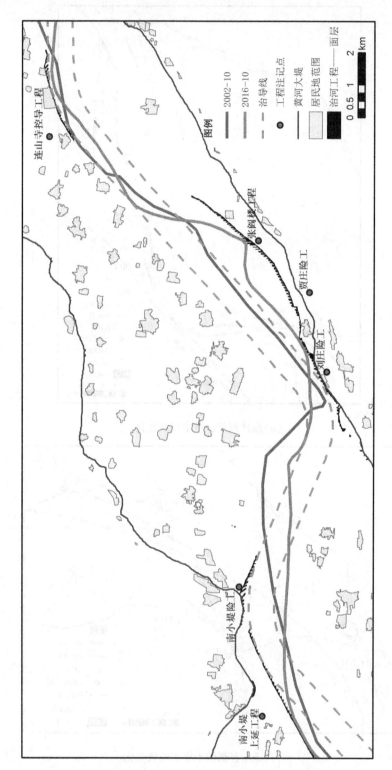

（g）南小堤到连山寺主流线变化

续图 7-11

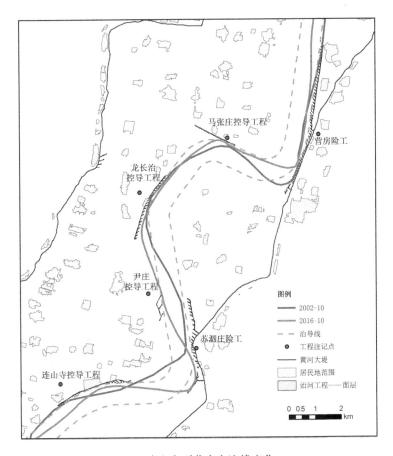

（h）连山寺到营房主流线变化

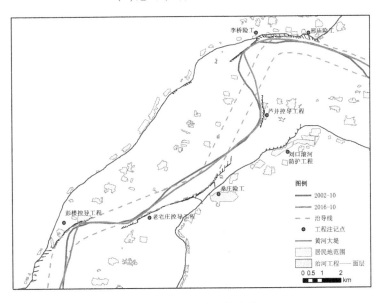

（i）彭楼到李桥主流线变化

续图 7-11

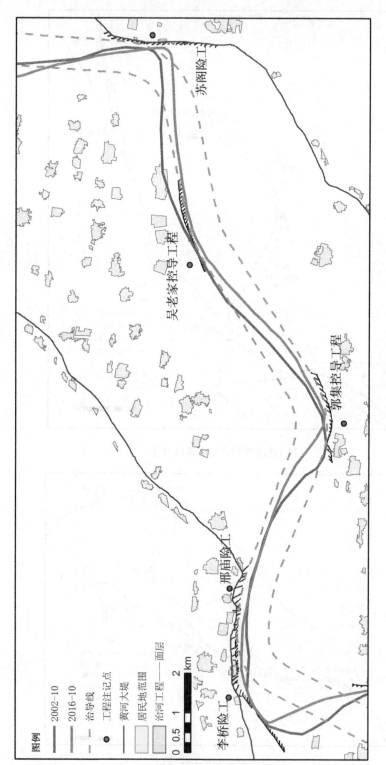

图例

	2002-10
	2016-10
	治导线
●	工程注记点
	黄河大堤
	居民地范围
	治河工程——面层
	治河工程——线

0 0.5 1 2 km

（j）李桥到苏阁主流线变化

续图 7-11

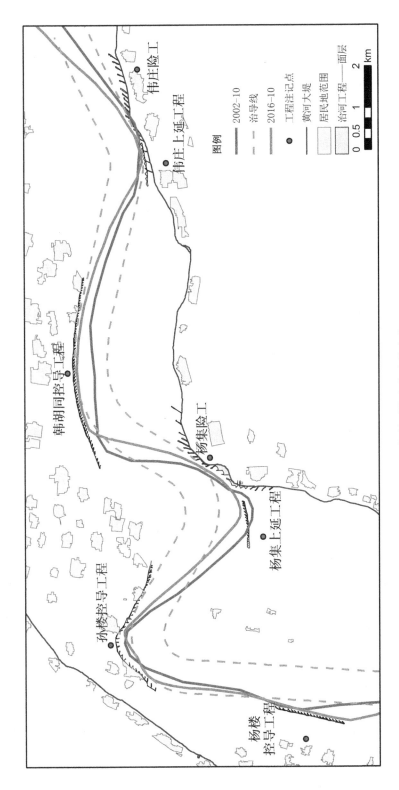

（k）杨楼到伟庄主流线变化

续图 7-11

7.3.2　平面形态与治导线差异

对于夹河滩—十里堡河段,按照"上平、下缓、中间陡"的原则,规划了河道整治治导线,其具体整治参数如图 7-12 和表 7-6 所示。该河段工程规划弯道半径(最大值)在 1 200～5 800 m,平均为 2 992 m。可以看出,2002 年的主流线情况并不是均与河道整治线一致的,如图 7-11 示,其中部分河湾半径偏小,例如大留寺、老君堂、榆林、堡城、三合村—青庄、刘庄、营房、吴老家、韩胡同等。

小浪底水库运用后,2002 年和 2016 年各河湾实际的河湾半径和弯曲系数如表 7-6 和图 7-11 所示,2002 年、2016 年主流线和规划治导线相比,有以下特点:

(1)大部分河段主流线的摆动均在治导线范围内,但有 5 处河段主流线偏移治导线较多。第 1 处是"周营工程→老君堂控导工程→榆林工程"。如图 7-11(d)所示,2002 年时主流线基本都在治导线范围内。但至 2011 年,河出周营工程运用后,主流直接向左岸偏出治导线,后其下游右岸老君堂工程靠溜不断下滑,至 2016 年已滑至最后一道坝处。因此导致老君堂下游左岸榆林工程河势下挫,至 2016 年 10 月已下挫至 25# 坝附近。第 2 处是"堡城险工→河道控导工程→三合村工程"。该河段是较长的顺直河段,直线距离约为 8 950 m,但在小水条件下,河道主流线开始走弯,且偏离右侧治导线,导致三合村工程并不靠河,而在青庄最后一道坝靠河,出青庄后主流线向左偏出治导线。第 3 处是"高村险工→南小堤"。高村险工是略有外凸布局的工程,多年来一直是上首的 13#～15# 坝靠溜,因此导致南小堤上延工程不断上延修建,此处一直未按照治导线流路走,主流线一直向左偏离至南小堤上延处靠河,所以导致南小堤险工经常不靠河。南小堤至刘庄险工段也是常年偏离治导线。第 4 处是"刘庄→张闫楼→连山寺"。该河段是较为顺直的长直河段,直线距离约为 10 100 m。此处,主流出刘庄险工后向右偏出治导线,在张闫楼工程处形成小河湾,后至连山寺工程处主流开始下挫。第 5 处是"老宅庄→芦井→李桥"。此处河道一直偏离治导线。老宅庄工程基本是 10# 坝以上靠河,后水流直接导向桑庄险工的下延潜坝,桑庄险工并不靠河。后水流导至芦井工程,如李桥险工。而此处,规划治导线的线路是"老宅庄控导→桑庄险工→邢庙险工"。因此,此处主流一直未按照治导线走。

(2)大河湾的布局仍然不变,只是由于流量变小,含沙量减少,在个别地方出现几个小河湾。因此,河道的弯曲半径减小,同时弯曲系数增大。例如榆林工程河湾[见图 7-11(e)],2002 年河湾半径为 2 380 m,2016 年减小为 950 m;高村险工河湾半径由 2 359 m 减小为 1 177 m[见图 7-11(h)];连山寺工程河湾半径由 5 518 m 减小为 2 089 m;苏泗庄工程河湾半径由 1 268 m 减小为 1 143 m[见图 7-11(h)],且弯曲系数由 1.37 增加为 1.74,由大河湾变成小河湾。彭楼控导工程[见图 7-11(i)]河湾半径由 2 421 m 减小为 1 165 m。

(3)大部分主流下挫,有些甚至脱河。例如老君堂控导工程[见图 7-11(d)],2016 年主流已脱河。榆林工程[见图 7-11(e)]、青庄险工[见图 7-11(f)]、刘庄险工[见图 7-11(g)]、营房险工[见图 7-11(h)]、彭楼控导工程[见图 7-11(i)]、杨集上延工程[见图 7-11(k)]、韩胡同控导工程[见图 7-11(k)]等均发生主流线下挫的现象。

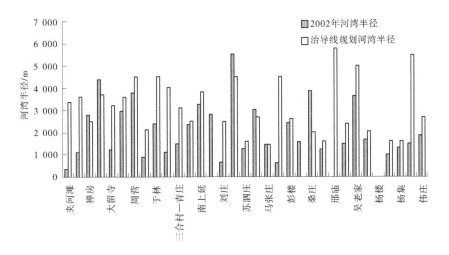

图 7-12　规划治导线与 2002 年河湾半径差异

表 7-6　规划治导线半径与实际河湾半径对比

工程名称	治导线规划		2002 年		2016 年	
	最大河湾半径/m	直线段/m	河湾半径/m	弯曲系数	河湾半径/m	弯曲系数
夹河滩	3 352		345	1.27	2 191	1.19
东坝头	3 600	2 981	1 095	1.46	2 928	1.05
禅房	2 500	4 761	2 794	1.46	2 050	1.46
蔡集	3 700	2 487	4 380	1.21	4 151	1.3
大留寺	3 200	4 678	1 206	1.26	2 278	1.34
王高寨—新店集	3 600	4 660	2 942	1.43	2 454	1.42
周营	4 500	2 589	3 778	1.42	3 424	1.44
老君堂	2 134	3 420	868	1.2	4 491	1.27
榆林	4 500	1 645	2 380	1.49	950	1.41
堡城	4 000	8 954	1 105	1.22	1 536	1.16
三合村—青庄	3 100	1 378	1 470	1.47	1 761	1.13
高村	2 500	6 024	2 359	1.18	1 177	1.21

续表 7-6

工程名称	治导线规划		2002 年		2016 年	
	最大河湾半径/m	直线段/m	河湾半径/m	弯曲系数	河湾半径/m	弯曲系数
南上延	3 802	3 775	3 251	1.1	2 868	1.13
南小堤			2 807	1.07	直线	
刘庄	2 500	10 123	628	1.36	2 906	1.06
连山寺	4 500	1 432	5 518	1.05	2 089	1.08
苏泗庄	1 600	4 988	1 268	1.37	1 143	1.74
龙长治	2 700	1 590	3 008	1.24	3 258	1.07
马张庄	1 450	1 244	1 442	1.2	1 231	1.17
营房	4 500	6 647	594	1.36	595	1.28
彭楼	2 600	6 214	2 421	1.17	1 165	1.14
老宅庄			1 552	1.03	1 645	1.02
桑庄	2 000	6 404	3 853	1.16	3 575	1.13
李桥	1 600	2 826	1 226	1.4	1 159	1.53
邢庙	5 800		直线		直线	
郭集	2 400	3 964	1 482	1.2	1 254	1.2
吴老家	5 000	2 483	3 631	1.05	3 991	1.02
苏阁	2 050	7 190	1 681	1.28	519	1.4
杨楼	直线		直线		直线	
孙楼	1 600	1 962	981	1.86	1 020	1.77
杨集	1 600	1 313	1 284	1.59	1 167	1.47
韩胡同	5 500	3 277	1 468	1.27	2 114	1.32
伟庄	2 700	3 761	1 855	1.12	1 557	1.17

7.3.3　近期河势变化

近年来,特别是 2002 年调水调沙以来,黄河菏泽段河槽得到有效冲刷,高村站 3 000 m³/s 流量水位从 2002~2015 年降低了 2.49 m,平滩流量由原来的 2 000 m³/s 提升到 4 000 m³/s 以上。河道过流能力增加的同时也引起部分河段河势发生剧烈变化,因河槽下切,打破了原来的冲淤平衡,河势上提下挫,部分险工、控导工程失去控溜作用,造成滩地坍塌,工程仍有出险,甚至威胁防洪安全。现分为以下 6 个河段,包括辛店集—老君堂、堡城—青庄、南小堤—刘庄、刘庄—苏泗庄、老宅庄—芦井和苏阁—杨集河段,对河势调整进行详细分析。

7.3.3.1　辛店集—老君堂河段

该河段辛店集控导工程始建于 1969 年,共 29 道坝垛;周营上延工程始建于 1974 年,共 17 道坝垛;周营工程始建于 1934 年,共 43 道坝垛;老君堂控导工程始建于 1974 年,共 34 道坝垛;榆林工程始建于 1973 年,共 44 道坝垛;除了连山寺上延工程,其他都是 1970 年之前修建的。

辛店集控导控导工程位于东明县黄河南滩内,为黄河河道整治的重要工程。该工程平面布置较为理想,其上端连接王高寨控导工程,两者较好地配合导流入湾。大中小水多年靠河着溜稳定,末端导流出湾能力较强,为下游周营、老君堂、榆林等控导工程靠河着溜奠定了较好的基础。老君堂控导工程位于东明县黄河南滩,上接周营工程来溜,下送溜至榆林工程。

2000~2016 年,该河段周营上延主流上提,老君堂主流下挫。辛店集—周营、周营—老君堂两小段河势都朝着不利河势发展,偏离治导线。

1. 辛店集—周营工程河段

辛店集控导工程靠溜一直比较稳定。辛店集—周营河段在 2000 年初一直是单一稳定的河道(见图 7-13),自 2008 年 8 月起,在周营上延上首附近出现一处长条形边滩,长度约为 3 000 m(见图 7-14)。后主流向右岸摆动,心滩逐渐向右岸演变,至 2013 年 4 月,形成约 1 600 m×600 m 的菱形心滩(见图 7-15)。至 2017 年 2 月(见图 7-16),此心滩往左岸便宜,大小演变为 3 100 m×1 000 m 的散乱菱形心滩,且坍塌至长兴浮桥辅路处。分析原因,2013 年周营上延 17# 坝处架设长兴浮桥(见图 7-16),在周营弯道处形成卡口,浮桥上游产生壅水,水流流速变缓,促使较大心滩形成。2015 年调水调沙期间,两股水流所占比例基本接近,水面宽阔约 1 km 左右。至 2017 年,心滩有继续展宽趋势(见图 7-17)。

2. 老君堂控导工程附近河势

小浪底运用至 2008 年,老君堂河势基本稳定,主溜出周营工程后沿左岸行进,送至老君堂控导工程,经工程上中部坝垛送溜至下游榆林工程。2008 年之后,主流线靠溜持续下挫(见图 7-18)。2008 年老君堂工程上首出现较小的心滩(见图 7-19),至 2012 年左右心滩分流比为 9∶1(见图 7-20)。2014 年 10 月,老君堂上首心滩逐渐变小且向下游移动,主流下挫(见图 7-21),导致位于 16#、17# 坝之间的引黄涵闸前出滩 600 m,引水困难。2017 年,老君堂工程附近心滩逐渐变小,整个河道下挫,已经脱河(见图 7-22)。河出老君堂工程后河势明显右摆,基本呈横河入榆林工程,榆林工程靠河明显下挫(见图 7-14)。

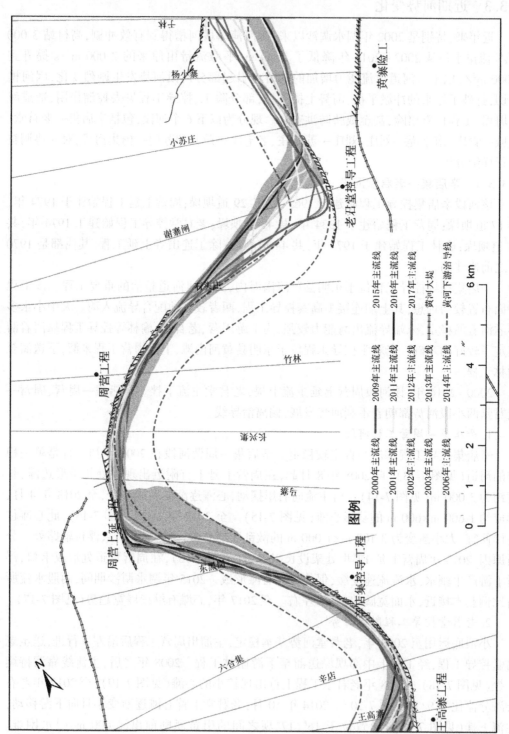

图 7-13　2000～2016 年辛店集—老君堂主溜线套汇

图 7-14　2000 年 8 月辛店集—周营上延河势

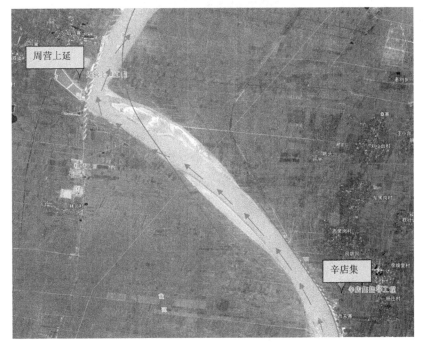

图 7-15　2008 年 8 月辛店集—周营上延河势

图 7-16　2013 年 4 月辛店集—周营上延河势

图 7-17　2017 年 2 月辛店集—周营上延河势

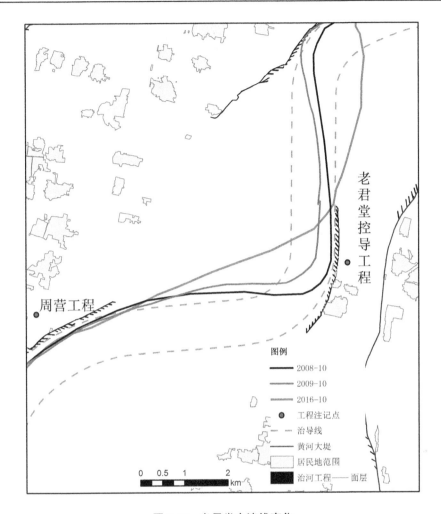

图 7-18　老君堂主流线变化

7.3.3.2　堡城—青庄河段

堡城—青庄河段为直河段,长约 10 km,中间无节点工程控制。堡城险工顺接霍寨工程来溜后,一直顺直到青庄工程(见图 7-23)。2000 年、2017 年河道主流线对比如图 7-23 所示。

从 2000~2012 年来看,该河段主流线比较顺直,基本能送到三合村,再送至青庄险工。从 2012 年汛后开始,由于长期小水,送溜不利,主流在三合村工程处向右岸摆动,河道坍塌展宽,三合村工程基本不靠河,致使渠村引水工程引水困难。

2016~2018 年汛前,除了长期小水,小浪底水库的每年一次的调水调沙也暂停了,即约半个月的大流量过程也没有了。因此,主流在堡城险工最后一道坝下游 4 km 处,开始坐湾(见图 7-24),致使在三合村工程对面处形成一个较大的河湾,河道向右岸持续坍塌。由于三合村工程不靠河,致使其下游青庄险工河势下滑,至 2018 年 6 月青庄 12#~18# 坝靠河。另外,青庄河势的不稳定也会影响高村河势的调整。

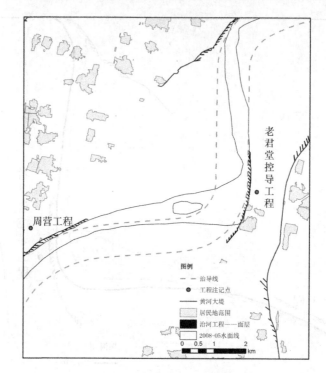

图 7-19　2008 年 5 月水面线

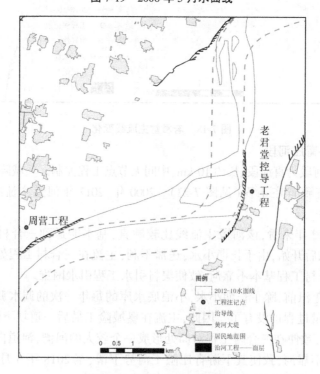

图 7-20　2012 年 10 月水面线

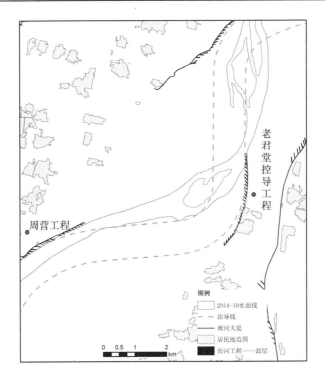

图 7-21　2014 年 10 月水面线

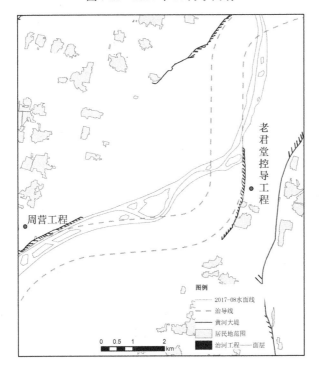

图 7-22　2017 年 8 月水面线

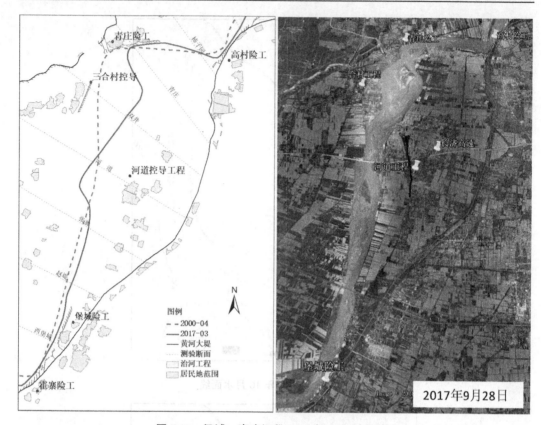

图 7-23　堡城—青庄河段 2000 年、2017 年河势

2000 年之后,该河段的心滩一直存在,且心滩面积不断增大,河势更加散乱。至 2017 年,心滩面积已增至 2002 年的 4~5 倍(见图 7-25 和图 7-26)。

7.3.3.3　高村—刘庄河段

1.高村河段

2000 年后,小浪底水库蓄水拦沙,长期小水清水下泄。2000~2018 年,高村险工靠溜位置上提(见图 7-27)。1986~1999 年,高村险工靠溜位置在 21#~24#坝,至 2000~2018 年靠溜位置上提至 11#~18#坝。高村河势上提(见图 7-28),导致南小堤上延河势上提,2000~2018 年南小堤靠溜一般在 6#~9#坝。南小堤险工上提后,刘庄险工靠河位置下挫,导致刘庄引黄闸引水困难。

但分析 1985~1999 年河势(见图 7-29 和图 7-30),发现若高村险工靠溜点位置下挫至 21#~24#坝时,南小堤上延靠溜位置并不上提,刘庄险工靠溜也在 10#~25#,刘庄引黄闸引水也能保证。

另外,高村险工是一个外凸的平面布局结构,对于工程上首迎流和下首挑流来说,布局也非常不利,需对其进行调湾改造,调整为下凹型结构。

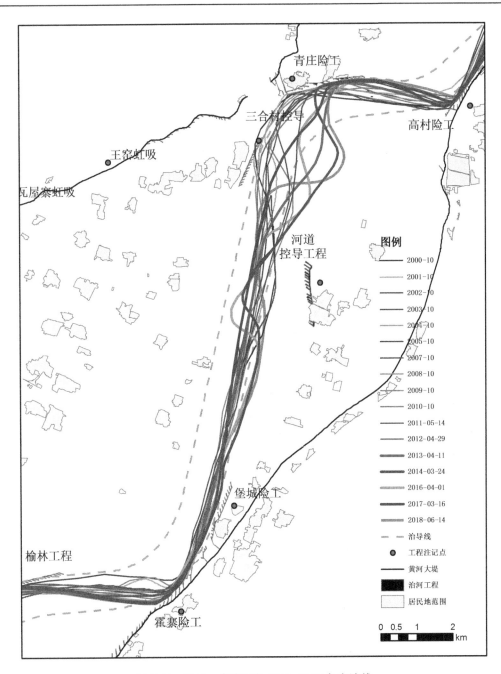

图 7-24　堡城—青庄河段 2000~2018 年主流线

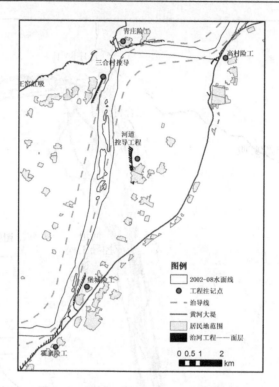

图 7-25　堡城—青庄河段 2002 年水面线

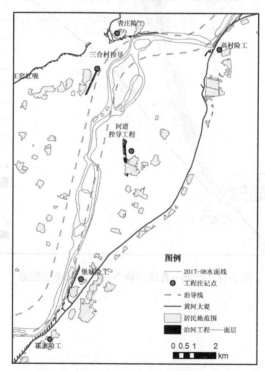

图 7-26　堡城—青庄河段 2017 年水面线

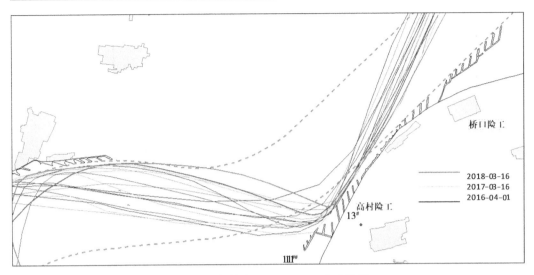

图 7-27　高村险工 2000～2018 年主流线

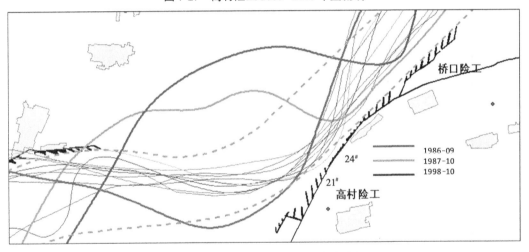

图 7-28　高村险工 1986～1999 年主流线

2. 南小堤—刘庄河段

南小堤上延至刘庄险工河道长约 11 km,1990 年河势如图 7-31 所示,河出高村后入南小堤上延、南小堤工程,呈一大的弧形弯道入刘庄险工,工程靠河情况都较好。但之后南小堤上延和南小堤险工靠河均不太好,特别是 2000 年以来,主流在南小堤上延工程上部各丁坝靠河,后直接导流至南小堤险工下首,南小堤工程完全脱河(见图 7-32)。之后,刘庄险工主流开始下挫,2000 年,主流在刘庄险工 21#坝左右靠河,至 2016 年以下挫至38#坝,河势下滑约 3 km,刘庄引黄涵闸前出滩 2 km,致使刘庄闸引水困难。

2000 年小浪底水库拦沙运用之后,南小堤—刘庄河段基本是一股河,心滩较少(见图 7-33 和图 7-34)。2014 年之后,河道出现大量心滩(见图 7-35),截至 2017 年 8 月,河势仍比较散乱,心滩遍布(见图 7-36)。

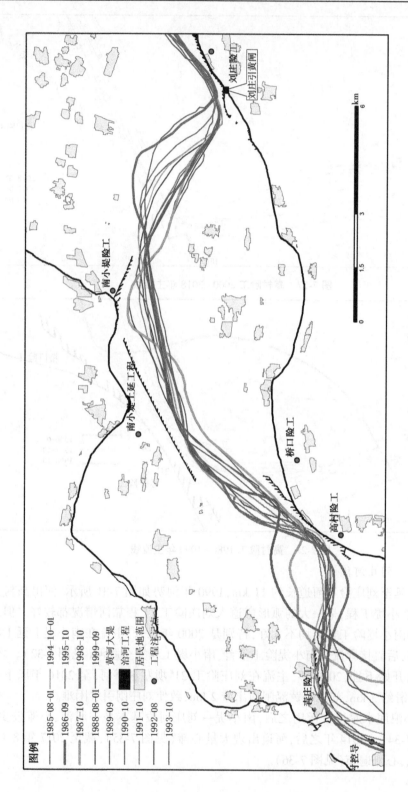

图 7-29　高村河段 1985~1999 年河势

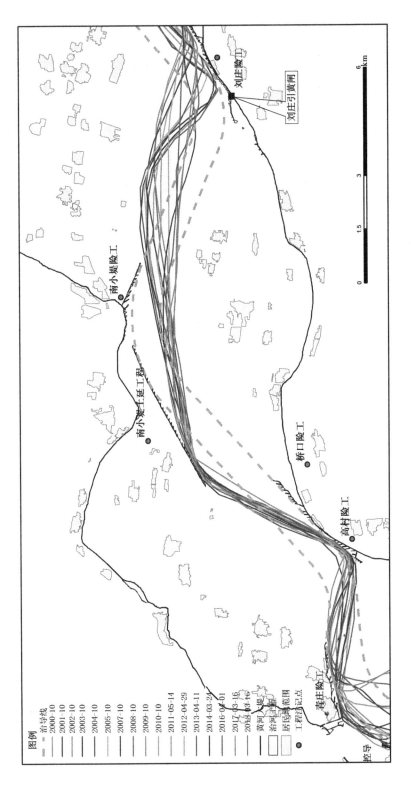

图 7-30　高村河段 2000～2018 年河势

图 7-31　南小堤—刘庄河段 1990 年 12 月河势

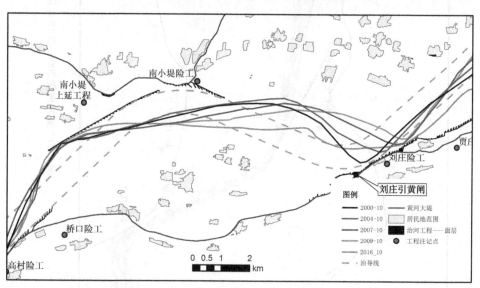

图 7-32　南小堤—刘庄河段 2000~2016 年河势

7.3.3.4　刘庄—营房河段

1.刘庄—连山寺

主流从刘庄险工出溜之后,2000 年之后大部分时间是直接送溜至连山寺工程(见图 7-37),仅在 2014 年和 2016 年主流向右岸摆动,张闫楼工程靠河,截至 2018 年 6 月,主流比较顺直。连山寺工程基本是中下部丁坝靠河。

2.苏泗庄—营房

苏泗庄工程在 1985~1999 年期间,主流靠溜位置在 27#~35#坝(见图 7-38),至 2006~2018 年靠溜位置开始上提,约在苏泗庄上延 2#~10#坝(见图 7-39)。2006~2015

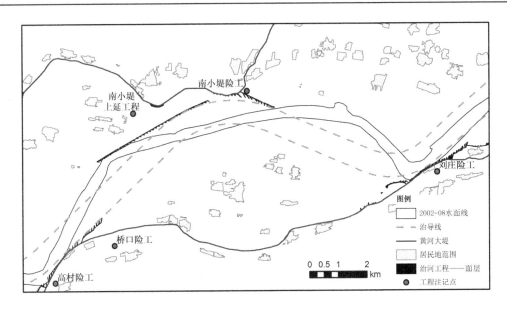

图 7-33 南小堤—刘庄河段 2002 年 8 月河势

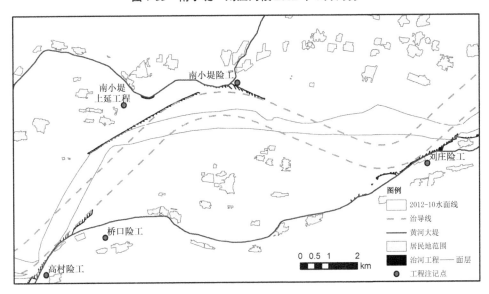

图 7-34 南小堤—刘庄河段 2012 年 10 月河势

年,由于苏泗庄靠溜位置上提,导致龙长治控导工程靠溜上提至 2# 坝(见图 7-38)。2015 年后由于尹庄控导工程长丁坝修建,致使 2017 年和 2018 年主流在尹庄下首向右岸摆动,董口坍塌(见图 7-40)。

如果尹庄控导工程后退,苏泗庄仍然是上延 2#～10# 坝靠溜,则仍然会引起龙长治控导工程靠溜上提。如果苏泗庄工程不是上首几道坝的小湾靠溜,而是靠溜位置在 27# 以后的几道坝,例如 1985～1999 年(见图 7-41),则龙长治会中部靠溜,河势比较稳定。

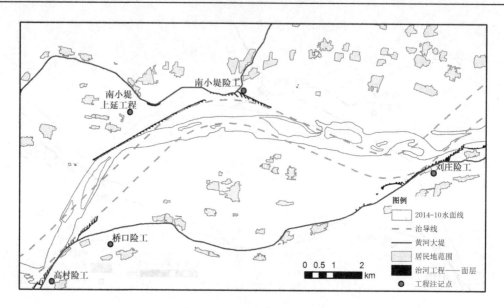

图 7-35　南小堤—刘庄河段 2014 年 10 月河势

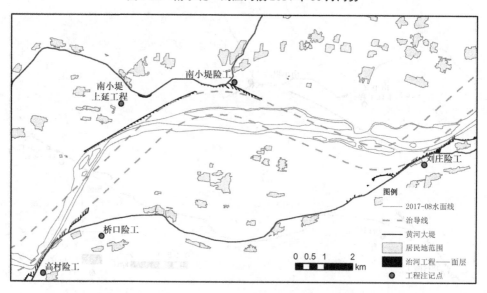

图 7-36　南小堤—刘庄河段 2017 年 8 月河势

7.3.3.5　营房—郭集河段

1. 营房—彭楼河段

2000 年以来,该河段主流比较稳定(见图 7-42)。营房上首靠河略有下挫,但主流从营房均能直接送至彭楼工程。该河段比较顺直,直线段长达 9.5 km,且一直比较稳定,其间河道心滩较少。

2. 老宅庄—郭集河段

该河段总体来说主流线摆动幅度较小,河势基本稳定(见图 7-43)。老宅庄一直是上首几道坝挑流,河出老宅庄控导工程后,至桑庄最后一道坝,后又送至芦井控导工程,后送

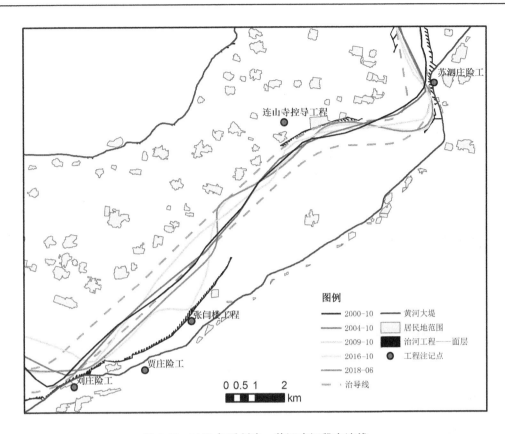

图 7-37　2000 年后刘庄—苏泗庄河段主流线

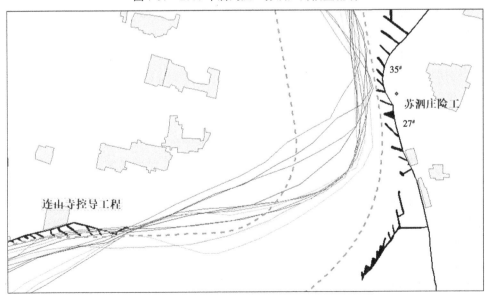

图 7-38　苏泗庄河段 1985~1999 年靠溜位置

溜至李桥险工。该河段主流并未按照规划治导线流路走,除了桑庄险工水流顶冲,基本比较稳定。

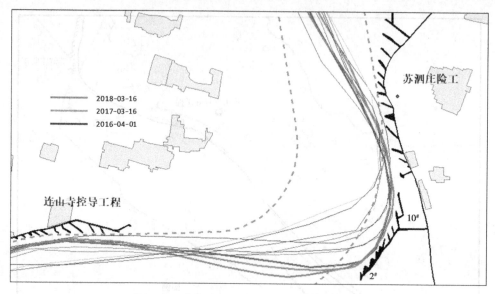

图 7-39　苏泗庄河段 2006~2018 年靠溜位置

7.3.3.6　苏阁—杨集河段

苏阁险工上接左岸吴老家工程来溜,下送溜至杨楼控导工程,对岸为孙楼控导工程。近些年来,苏阁、杨集工程河势虽有一定的上提、下挫等情况,但河势始终在控导工程范围之内(见图 7-44)。

7.3.4　近期险情分析

2000~2016 年,菏泽河段共有 17 处工程发生不同程度险情,共 199 道坝出险,共发生 928 坝次险情,各个工程出险频率见图 7-45(出险频率=该工程出险次数/该河段总出险次数),其中杨集上延发生险情次数最多,高达 22.70%。

菏泽历年出险坝段数、出险坝次统计及平均出险频次统计如图 7-46 和图 7-47 所示。2002 年和 2003 年出险坝次较高,分别为 123 坝次和 289 坝次,平均每道坝出险高达 7.7 次和 15.2 次,主要是因为 2002 年小浪底水库开始实施调水调沙,下游工程连续两年险情出现次数较高。2004 年之后,出险坝垛的出险次数维持在 1.0~2.6 次。

统计分析 2000~2016 年各个出险坝段出险时的流量和水势变化,结果见图 7-48、图 7-49。从图中可以看出,险情发生时的流量主要集中在 500~1 500 m^3/s、3 000~4 000 m^3/s 两个量级区间内,说明小水同样也会提高险情发生的概率。从水势变化统计图知,险情发生的概率在落水时会更高些(40.90%)。主要原因是在高水位时,堤岸浸泡饱和,土体含水量增大,抗剪强度降低,当水位骤降时,土体失去了水的顶托力,高水位时渗入土内的水又反向河内渗出,促使坝体滑脱坍塌出险。

从各月险情发生频率图 7-50 中知,在 7 月汛期险情发生的频率最高,9 月汛期结束时再出现一个小高峰,说明落水阶段也容易引起险情。

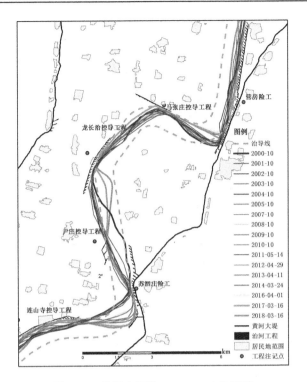

图 7-40　苏泗庄河段 2000~2018 年河势

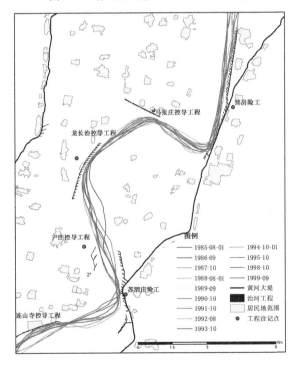

图 7-41　苏泗庄河段 1985~1999 年河势

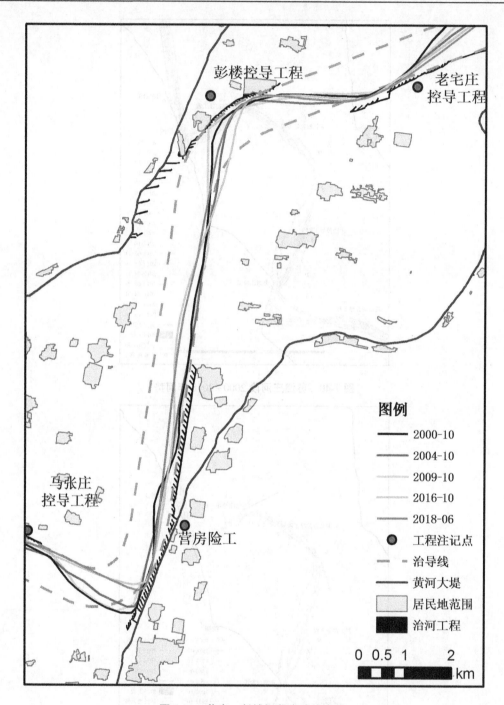

图 7-42　营房—彭楼河段主流线变化

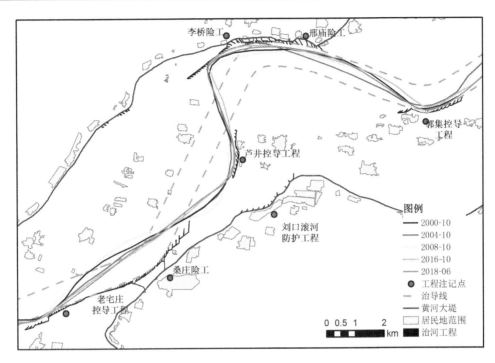

图 7-43　老宅庄—郭集河段主流线变化

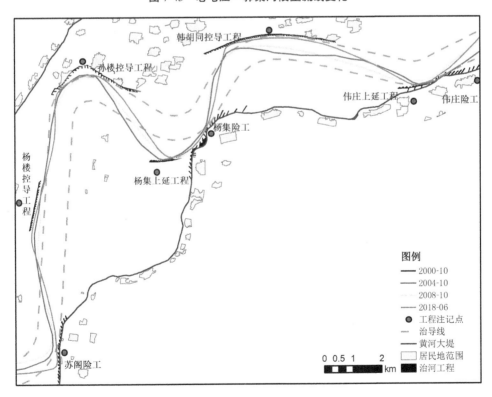

图 7-44　苏阁险工—伟庄险工主流线变化

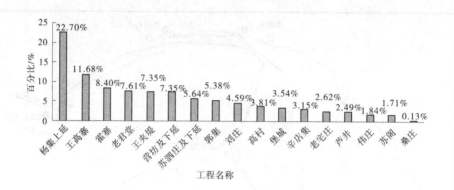

图 7-45　2000~2016 年菏泽河段各个工程出险频率

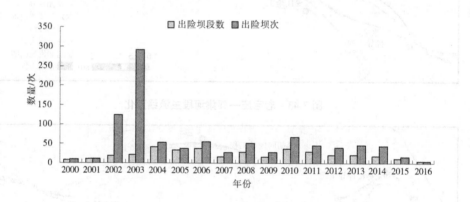

图 7-46　2000~2016 年菏泽河段不同年份出险坝段数和出险坝次统计

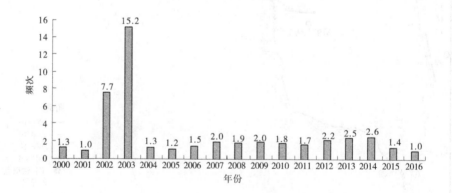

图 7-47　2000~2016 年菏泽河段历年平均出险频次统计

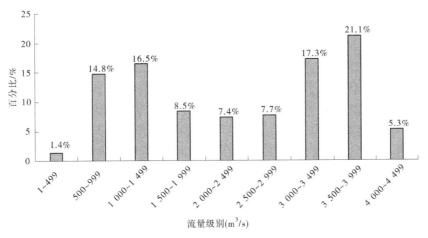

图 7-48 菏泽河段不同流量级别下出险概率

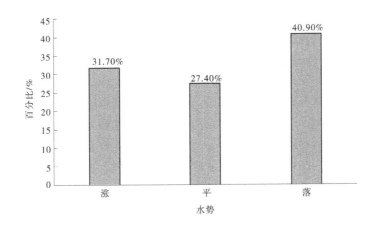

图 7-49 菏泽河段不同水势情形下出险概率

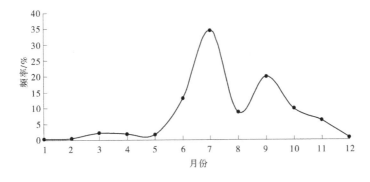

图 7-50 2000~2016 年菏泽河段险情月度发生频率

7.4　小　结

本章主要从菏泽河段主流线与规划治导线差异,河道弯曲系数、主流线摆动幅度、心滩面积、工程送溜距离,以及具体河段的河势变化情况为主进行分析,具体结论如下:

(1)与治导线规划河湾相比,小浪底运用以后河势演变的特点为:①大部分河段主流线的摆动均在治导线范围内,但有 5 处河段主流线偏移治导线较多。②部分河段大河湾的布局仍然不变,只是由于流量变小,含沙量减少,在原来大河湾的基础上出现几个小河湾。因此,河道的弯曲半径减小,同时弯曲系数增大。③大部分河湾主流下挫,有些甚至脱河。④个别工程上首出现心滩,河道出现分叉。⑤小浪底水库运用初期,工程的送溜距离均较大,2002 年河段平均的送溜距离为 2 086 m,而至 2016 年送溜距离减小为 1 551 m。

(2)东坝头—高村河段从 1960 年至今河道弯曲系数在逐渐增加,从 1960 年的 1.13 增加至 2016 年的 1.32。高村—邢庙和邢庙—十里堡河段,在 1964 年之后,弯曲系数均基本比较稳定,至目前弯曲系数约在 1.30。邢庙—十里堡河段,也是在 1964 年之后逐步稳定,1999 年后弯曲系数增幅略大,从 1.41 增至目前的 1.44。

(3)从 1960 年至今,东坝头—十里堡河段河道主流摆幅整体呈现出减小趋势。东坝头—高村河段在 1993 年后主流摆幅变化较小,高村—邢庙河段在 1973 年之后变化较小,邢庙—十里堡河段则在 1980 年后变化较小。因此,小浪底水库运用之后,该河段主流摆幅的变化较 20 世纪 60 年代均比较稳定。但高村—邢庙和邢庙—十里堡河段,在小浪底水库运用之后(1999~2010 年)的摆幅较 1993~1999 年略有增加,而在 2010 年之后略有减小。

(4)夹河滩—高村河段在 1960 年河段平均水面宽 2 281 m,心滩也较多,约占水面面积的 26%。而在 1999 年没有出现心滩,河道完全呈现出弯曲型河道的外形。2016 年平均水面宽 819 m,局部出现较小心滩。高村—孙口河段,1960 年水面宽为 1 233 m,心滩较少,面积也较小,约占水面面积的 4%。1964 年心滩就更少,至 1972 年心滩全无,呈现出弯曲型河道的外形。至 1999 年,水面宽为 787 m,心滩几乎没有。2016 年河宽较 1999 年略有增加,水面宽约为 804 m,心滩面积约占水面面积的 2%。总体来说,1972 年之后,该河段心滩已经很少,整体呈现出弯曲型河道的外形。

(5)2000~2016 年,菏泽河段共有 17 处工程发生不同程度险情。其中杨集上延发生险情次数最多,占菏泽河段出险总次数的 22.7%。2002 年和 2003 年出险坝次较高,主要是因为 2002 年小浪底水库开始实施调水调沙,下游工程连续两年险情出现频次较高。险情发生时的流量主要集中在 500~1 500 m³/s、3 000~4 000 m³/s 两个量级区间,说明小水同样也会提高险情发生的概率。在 7 月汛期险情产生的频率最高,9 月时再出现一个小高峰,说明落水阶段也容易引起险情。

第 8 章　山东黄河菏泽河段河势演变关键影响因子研究

8.1　已有研究现状分析

关于河势调整规律的研究主要集中于以下几个方面:①水沙条件对河势的影响;②河床及河岸物质组成对河势变化的影响;③河道整治工程对河势变化的影响;④河道几何形态对河势的影响。

水沙对于河势调整的研究成果众多。水槽试验和野外观测资料已经验证流量是最重要的影响因素(Hughes,1977;Schumm,1968;Hooke,1980)。姚文艺和王卫东(2006)利用黄河下游游荡型河段河势观测资料,从主流线居河槽不同位置的概率角度来分析,得到1986~1999 年主流线的摆频率要比 1973~1985 年时段的大。分析其原因是后一时期为年径流急剧减小,且汛期含沙量明显增高的不利水沙条件,因此更易出现河势散乱的现象。同时认为,在现状整治工程体系下,水沙条件的作用较工程的约束作用大。王卫红(2006)统计了 1973~1999 年黄河下游游荡型河段多年河势观测资料,发现主流线弯曲系数与汛期水量和洪水径流量成反比,与汛期平均含沙量关系不大。主流线弦高与汛期水量没有明显的增减关系,对于长河段而言,弦高基本稳定在 1 000~1 500 m。陈建国(2012)对三门峡水库拦沙期(1960~1964 年)与小浪底水库拦沙期(2000~2008 年)黄河下游游荡型主流线平均摆幅进行了对比分析,发现后者的摆幅仅为前者摆幅的 16%~13%。且分析原因认为,由于来水枯少,流量不大,削弱了来水的造床作用,另外独特的边界条件也是重要的约束条件。分析小浪底水库运用初期下游游荡型河段平面形态变化(张敏,2012),发现 2000~2010 年相比 1986~1999 年平均主流线摆幅显著减小;河道弯曲系数略有增加;河宽展宽,且心滩增多;畸形河湾增多。张敏(2009)曾用物理模型试验,分析了不同来沙粗细条件下河道平面形态的变化情况,发现当来沙较粗时河道主流线的摆动范围较大,且摆动速度较快。Aldo(2005)分析认为,漫滩洪水的次数对于河道的河势摆动影响较大。

河床及岸组成对河道主流摆动的研究方面,尹学良(1965)利用在边滩植草及在大水中加入黏土的方法,把边滩固定下来,塑造弯曲型河流,并对河流成因和造床实验进行研究,发现河床相对抗冲性增大后,初期形成的弯曲型河道切滩不断发生逐渐变为游荡型。金德生(1986)采用过程响应模型的水槽试验表明,河道的边界条件,尤其是河漫滩的物质结构和组成,对河流发育及河道调整有极大的影响。在温带地区的河流研究表明,非黏性材料组成河岸的河道主流摆动速度较大,而黏性土含量较多的河道则相反(Daniel 1971),且与流量成正比(Hooke 1980)。Van der Berg(1995)和 Nanson et al.(1986)在对以前大量资料分析的基础上,认为河道的平面形状和水流功率与河床粒径关系较大。

　　从工程控制对河道主流摆动的影响方面,胡一三等(1998)对黄河下游游荡型河道1955~1959年与1985~1989年的主流线外包线宽度进行分析,认为外包线宽度已从5 000 m的范围减小到2 000 m左右,并说明了工程条件对约束摆动幅度的重要作用。张红武等(1998)通过物理模型试验研究发现:小浪底水库拦沙期黄河下游游荡型河段河床稳定性增强,游荡型削弱,但仍为游荡型河道。金德生等(2000)借助地貌类比方法及时空复杂响应,得到相同的结论,但强调若不加以工程扶植,游荡性河势仍会向恶性发展。吴保生(2003)分析了三门峡水库初期黄河下游游荡型河道的变化认为,经水库调节后,进入下游来沙减少,洪峰削平及中长水持续时间加长,有利于河道的游荡程度降低及向弯曲方向发展;同时,河道整治工程对于减小河道的摆动程度、稳定流路的作用是显著的。

　　除以上的影响因素外,河道的几何形态及纵比降等也是影响河道主流摆动的主要因素。主流流向的变化在相当程度上反映了主流摆动的幅度,Coleman(1969)对北美的布拉马普拉特河的31个断面的主流流向范围进行了分析,发现河道宽度较窄的河段,主流流向变化范围就小。Leopold et al.(1957)首次提出河湾的紧致程度(河湾半径与河宽比值 r/w)影响河道的迁移率(M),因为河湾半径与河宽比值 r/w 反映了整个阻力情况,Bagnold(1960)提出例如在封闭的管道中,当 r/w 为2时边界的总阻力达到最小。Hickin et al.(1975)通过对加拿大 Beatton River 的研究,证明了 Bagnold 的理论,即当 r/w 在2~3时,河道的迁移率最大。卡罗拉多州立大学的研究人员(Richard,2001)完成了对 Rio Grande 河中游新墨西哥州内 Cochiti 大坝下游 45 km 的河道迁移摆动分析,发现河道横向变化速度与水流能量、泥沙含量、河床质及平面形态之间的重要关系。所得的结果显示,水流能量(水流量、河槽比降)及河道平面形态对河道摆动变化速度影响最大。

　　以上研究较为全面地分析了影响河势的原因,但每条河流均有各自的特性,有些是流量起主要控制作用,有些是河岸或是河床的抗冲性起主要作用。而事实上,黄河下游自小浪底水库运用之后,流量减小,沙量减少更多,大部分时间清水小水下泄。目前河势演变发生了较大变化,如何分析小水条件下河势调整原因和机制,是亟待解决的问题。

8.2　河势参数响应关系及机制研究

8.2.1　河势参数响应关系

　　本节遴选影响河势参数变化的关键影响因子,并分析河势特征参数的响应关系式,主要分析弯曲系数、河湾半径、主流线摆幅与来水量和含沙量的关系。

8.2.1.1　黄河下游实际河势参数响应关系

1.年水量对弯曲系数的影响

　　根据原型资料,统计分析了各河段弯曲系数与年水量的关系。图8-1~图8-4分别为伊洛河口—花园口河段、东坝头—高村河段、高村—邢庙河段和邢庙—十里堡河段弯曲系数与年水量关系。

　　根据图8-1~图8-4,从长时期看,伊洛河口—花园口河段、东坝头—高村河段、高村—邢庙河段和邢庙—十里堡河段弯曲系数与年水量有一定的相关关系,来水量越大、弯曲系

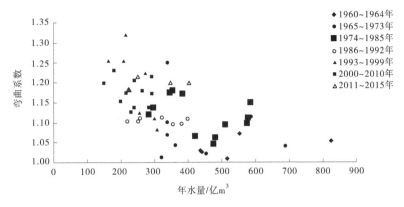

图 8-1　伊洛河口—花园口河段弯曲系数与年水量关系

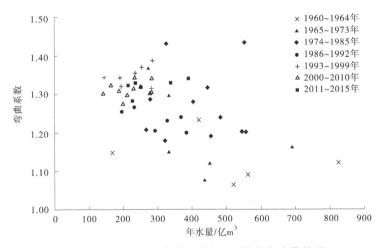

图 8-2　东坝头—高村河段弯曲系数与年水量关系

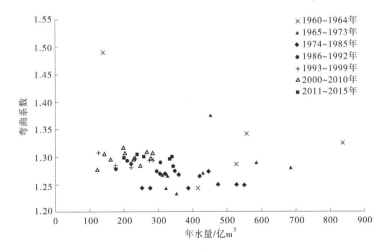

图 8-3　高村—邢庙河段弯曲系数与年水量关系

数越小。2000 年以后水量减小,弯曲系数则增大,在 1.14~1.22。而 1974~1985 年水量较大,则弯曲系数约在 1.05~1.18。

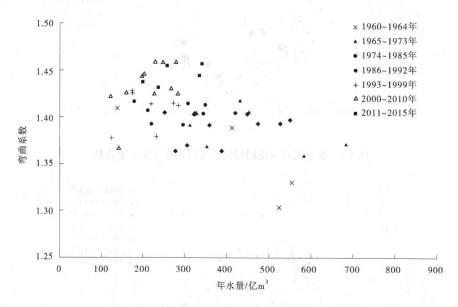

图 8-4　邢庙—十里堡河段弯曲系数与年水量关系

2. 年水量对河湾半径的影响

近年来小水历时增长,所需控导工程弯道半径减小、送溜段长度缩短。统计了 1986~2015 年 30 年的游荡型河段弯曲半径,并建立了弯曲半径与年水量的关系,见图 8-5~图 8-10。可以看出,东安—花园口河段(见图 8-7),随着年水量的减小河湾半径有所减小。其他河段因整治工程控制作用较强,河湾半径并不随年来水量的变化而有大的调整。同时,花园口以下河段弯曲半径变幅较小,说明这些河段的河势变化主要是受控导工程的作用更强,水沙作用次之。

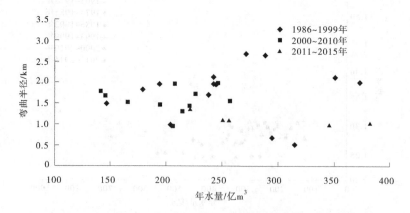

图 8-5　铁谢—伊洛河口河段平均弯曲半径与年水量关系

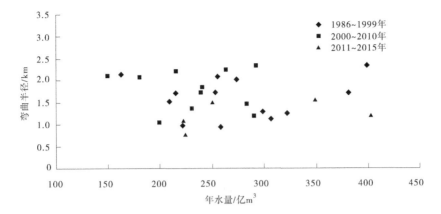

图 8-6　伊洛河口—东安河段平均弯曲半径与年水量关系

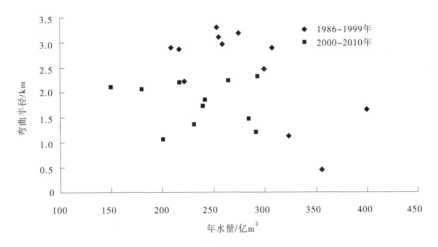

图 8-7　东安—花园口河段平均弯曲半径与年水量关系

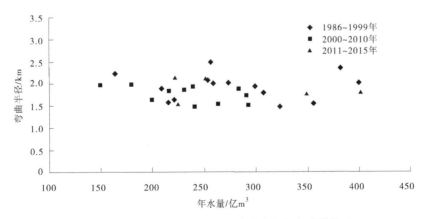

图 8-8　花园口—黑岗口河段平均弯曲半径与年水量关系

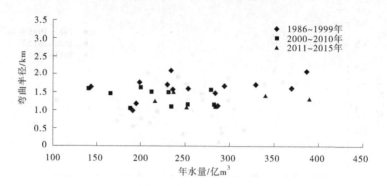

图 8-9 黑岗口—夹河滩河段平均弯曲半径与年水量关系

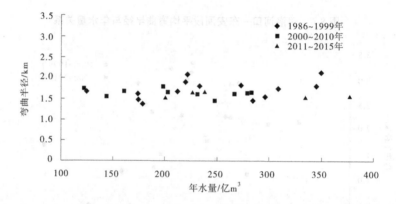

图 8-10 夹河滩—高村河段平均弯曲半径与年水量关系

3. 年水量对主流摆幅的影响

图 8-11~图 8-18 为各河段主流摆幅与汛期水量三年滑动平均关系,从长时期看,各河段主流摆幅与水量有一定的关系,水量越大,主流摆幅也越大。2000 年以来年水量减小,基本维持在 250 亿 m³ 左右,除黑岗口—夹河滩河段主流摆幅变幅较大外(畸形河湾造成)(见图 8-14),其他河段主流摆幅变化都不大,说明 2000 年以来控导工程对控制河势摆动起到了较大作用。

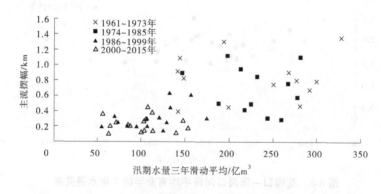

图 8-11 铁谢—伊洛河口河段主流摆幅与汛期水量三年滑动平均关系

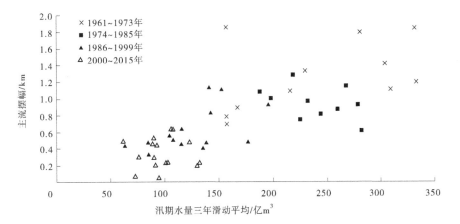

图 8-12　伊洛河口—花园口河段主流摆幅与汛期水量三年滑动平均关系

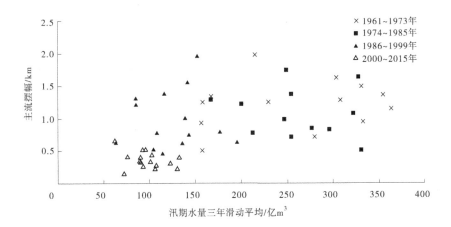

图 8-13　花园口—黑岗口河段主流摆幅与汛期水量三年滑动平均关系

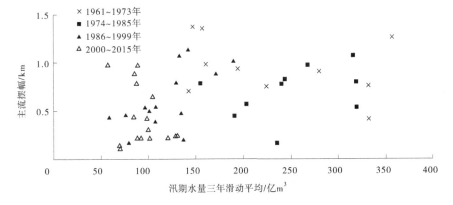

图 8-14　黑岗口—夹河滩河段主流摆幅与汛期水量三年滑动平均关系

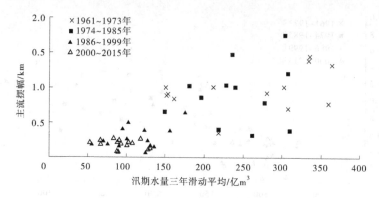

图 8-15　夹河滩—高村河段主流摆幅与汛期水量三年滑动平均关系

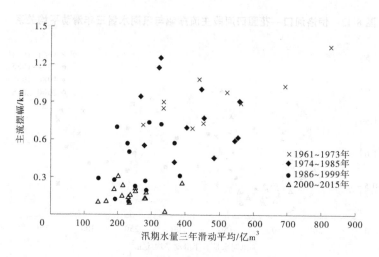

图 8-16　东坝头—高村河段主流摆幅与汛期水量三年滑动平均关系

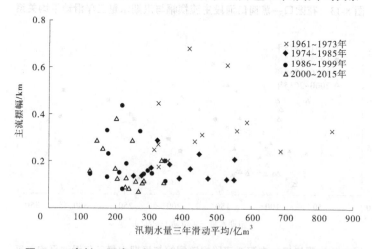

图 8-17　高村—邢庙河段主流摆幅与汛期水量三年滑动平均关系

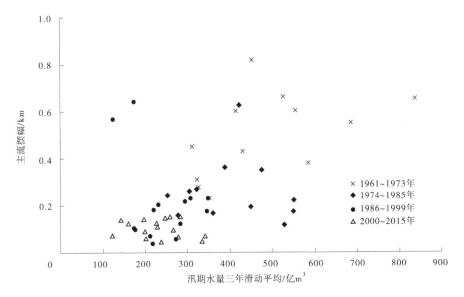

图 8-18 邢庙—十里堡河段主流摆幅与汛期水量三年滑动平均关系

4. 年沙量对弯曲系数的影响

根据原型资料,统计分析了各河段弯曲系数与年沙量的关系,结果基本一致,图 8-19~图 8-21 分别为东坝头—高村河段、高村—邢庙河段、邢庙—十里堡河段弯曲系数与年沙量关系。

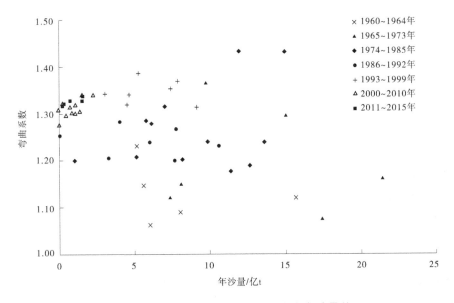

图 8-19 东坝头—高村河段弯曲系数与年沙量关系

根据图 8-19~图 8-21,从长时期看,东坝头—高村河段、高村—邢庙河段、邢庙—十里堡河段弯曲系数与年沙量之间有一定的相关关系,来沙量越大,弯曲系数将越小。2000

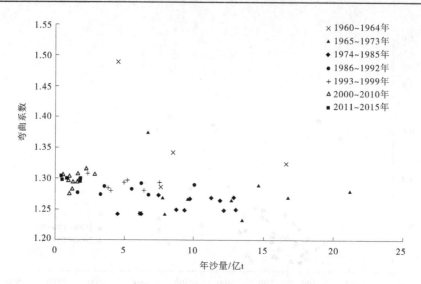

图 8-20　高村—邢庙河段弯曲系数与年沙量关系

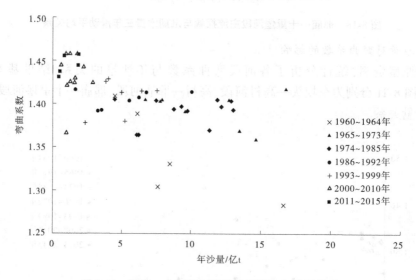

图 8-21　邢庙—十里堡河段弯曲系数与年沙量关系

年以后沙量减小,弯曲系数则增大,一般在 1.24 ~ 1.35。而 1965 ~ 1973 年来沙量较大,则弯曲系数一般在 1.07 ~ 1.36。

5. 年沙量对主流摆幅的影响

图 8-22 ~ 图 8-24 为各河段主流摆幅与汛期沙量三年滑动平均关系,从长时期看,各河段主流摆幅与沙量有一定的关系,沙量越大,主流摆幅也越大。2000 年以来年沙量减小,基本维持在 3 亿 t 左右,除东坝头—高村河段主流摆幅变幅较大外(畸形河湾造成)(见图 8-22),其他河段主流摆幅变化都不大,说明 2000 年以来控导工程对控制河势摆动起到了较大作用。

6. 小结

黄河下游原型河势参数与来水关系表明,随着年水量和年沙量减小,河道弯曲系数增

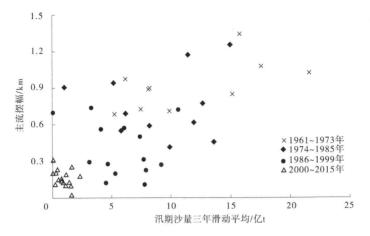

图 8-22　东坝头—高村河段主流摆幅与汛期沙量三年滑动平均关系

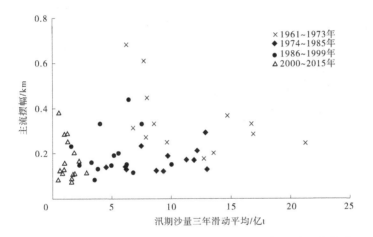

图 8-23　高村—邢庙河段主流摆幅与汛期沙量三年滑动平均关系

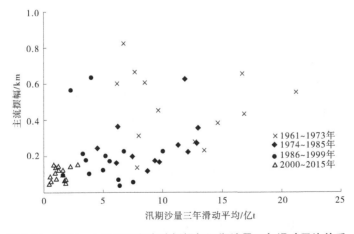

图 8-24　邢庙—十里堡河段主流摆幅与汛期沙量三年滑动平均关系

大,而河湾半径减小,主流线摆幅减小。整治工程越完善的河段,河势参数随来水量的关系变化幅度越小。根据 2000 年以来弯曲系数、弯曲半径、主流摆幅与来水量和来沙量关系得出,控导工程对河势的控制作用较强,特别是黑岗口以下河段,水沙条件对河湾要素的影响幅度较小。

8.2.1.2　模型试验中河势参数与相关因子的响应关系

1. 模型试验介绍

1)模型范围

模型的平面范围是 150 m(长)×15 m(宽),边墙高 1 m,煤灰铺设厚度均值为 0.5 m,具体见图 8-25。根据试验要求与场地条件,最大限度利用现有模型资源,对现有模型场地进行规划,拟划分三个独立的试验河段进行设计,试验河段为直段,宽度约为 3 m。三个河段长度分别为 36 m、38 m 和 48 m。第一试验河段进口为模型进口,第二试验河段水沙进口为第一试验段的尾门出口,第三试验河段水沙进口为第二河段的尾门出口,第三试验河段水沙出口为模型出口。三个试验河段的初始比降分别为 3、2 和 1。

模型进口由第一段前池进入模型第一试验段,该河段长 43.2 km(模型长 36 m)。该河段模拟黄河下游游荡型河段,其河道初始比降为 3。河槽变动幅度约为 3 600 m,其初始河槽设计为约 1 000 m³/s 的小河槽,其河宽和河深分别为 500 m 和 1.5 m。

水流自第一试验段出来进入第二试验段"前池",此处设置量水导流槽,进入第二河段,该河段长度 45.6 km(模型长 38 m),模拟过渡型河段,其初始河道比降为 2。河槽变动幅度约为 3 600 m,其初始河槽设计为约 1 000 m³/s 的小河槽,其河宽和河深分别为 500 m 和 1.5 m。

水流自第二试验段出来进入第三试验段"前池",此处仍设置量水导流槽,该河段长 57.6 km(模型长 48 m),模拟弯曲型河段,其河道初始比降为 1.0。河槽变动幅度约为 3 600 m,其初始河槽设计为约 1 000 m³/s 的小河槽,其河宽和河深分别为 500 m 和 1.5 m。

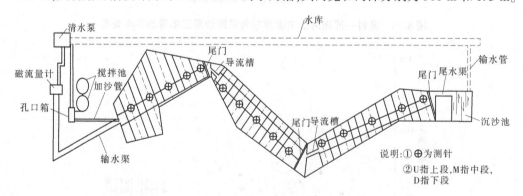

图 8-25　模型试验平面布置

2)模型比尺及相似性论证

该物理模型为变态模型,模型水平比尺为 1 600,垂直比尺为 80。

泥沙起动相似的论证:黄河原型沙起动流速为 0.84 m/s(水深 1.1~2 m),模型沙(郑州热电厂粉煤灰,比重 $\gamma_{sm}=2.1~t/m^3$)起动流速为 $0.088\sim0.114~2~m/s$,模型起动流速比尺为 $7.5\sim9.5$,该数值与流速比尺 8.9 接近,表明模型沙能够满足泥沙起动流速相似条件。

泥沙扬动相似论证:黄河下游河床床沙扬动流速约为 $1.47~m/s$,模型沙的扬动流速为 $0.169~2\sim0.195~m/s$,模型扬动流速比尺为 $7.54\sim8.69$,该数值与流速比尺 8.9 接近,表明模型沙能够满足泥沙扬动流速相似条件。

采用郑州热电厂粉煤灰,根据粉煤灰干容重,含沙量比尺选用 2。当模型垂直比尺为 80 时,比降 6‰的游荡型模型河段可实现游荡河型相似,比降 2‰的弯曲型河段模型可实现弯曲河型相似。

3)模型沙选配

粉煤灰的物理化学性能较为稳定,试验过程中固结或板结不明显。试验河段上段中值粒径为 0.057 mm,中段中值粒径为 0.050 mm,下段中值粒径约为 0.042 mm。黄河下游游荡型河段床沙中径为 $0.014\sim0.19~mm$,过渡型河段床沙中径为 $0.102\sim0.13~mm$,弯曲型河段床沙中径为 $0.08\sim0.102~mm$。根据模型床沙比尺,得到游荡型模型床沙粒径为 $0.054\sim0.073~mm$,过渡型模型床沙粒径为 $0.039\sim0.05~mm$,弯曲型模型床沙粒径为 $0.031\sim0.039~mm$。根据上述结果,模型床沙可满足设计要求。

黄河下游汛期游荡型河段及过渡型河段多年悬移质中值粒径为 $0.015\sim0.025~mm$,按照悬沙粒径比尺 0.9 计算,模型悬沙粒径为 $0.028\sim0.013~mm$。由于模型悬沙粒径为 $0.017\sim0.027~mm$,由此可得模型悬沙可满足设计要求。

4)试验方案

为了研究不同水沙情况下断面形态调整规律,概化模型试验是在比降依次为 0.3‰、2‰和 1‰的 3 个河段进行,各河段之间用导流槽连接。一是模型试验,在自由边界条件下开展的,三组均为清水,其流量分别为 800 m^3/s、1 500 m^3/s 和 3 000 m^3/s,河道经过长时期的演变达到一个相对平衡状态;二是浑水试验,其各组流量不变,采用平衡来沙系数 $S/Q=0.014~kg\cdot s/m^6$ 来确定相应的含沙量。

2.比降和流量对河湾要素的影响

最终平衡时比降对弯曲系数的影响如图 8-26 所示,可以看出,弯曲系数基本上随比降的增大而减小,趋势比较明显;而且流量较小时,弯曲系数基本在最上方,即流量越小弯曲系数越大。河湾半径受流量和比降的影响,从图 8-27 可以看出,即在同流量条件下,比降越大,河湾半径越小,流量对河湾半径的影响幅度略大于比降的影响。

主流线的摆动幅度代表着河势的稳定程度,河道的冲淤越强烈,河道的摆动越频繁,主流线摆幅就越大。比降的大小代表着水动力条件的大小。比降越大,相比较而言单位体积水流的动能就越大,水流对河岸的破坏能力就越强,也容易引起局部强烈的淤积或冲刷,因而引起河势的来回摆动。主流线摆幅受流量和比降的影响如图 8-28 所示,可以看出同流量条件下,比降越大,主流线摆幅越大,规律比较明显,趋势也比较一致;同比降条件下,流量越大,则河道主流摆幅越大。最终平衡时各河段平面形态参数见表 8-1。

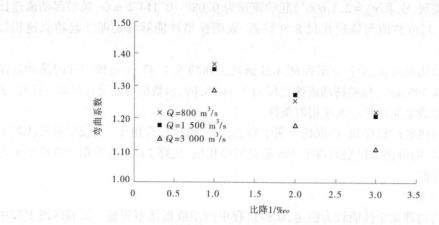

图 8-26　比降对弯曲系数的影响

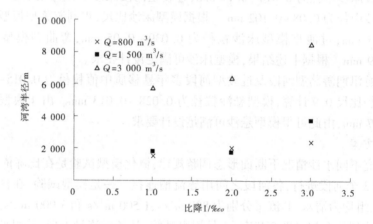

图 8-27　比降对河湾半径的影响

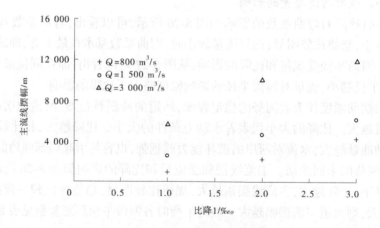

图 8-28　比降对主流线摆幅的影响

表 8-1　最终平衡时各河段平面形态参数

流量/(m³/s)	含沙量/(kg/m³)	项目	上段(3‰)	中段(2‰)	下段(1‰)
800	12	比降/‰	2.97	1.97	1.17
		河湾个数	6	3	2
		弯曲系数	1.22	1.25	1.37
		河湾半径/m	2 358	2 032	1 496
		主流线摆幅/m	4 240	2 240	1 040
1 500	21	比降/‰	2.83	2.21	1.4
		河湾个数	4	10	6
		弯曲系数	1.21	1.27	1.35
		河湾半径/m	3 722	1 790	1 832
		主流线摆幅/m	6 080	4 640	4 240
3 000	42	比降/‰	2.6	1.7	1.42
		河湾个数	3	3	3
		弯曲系数	1.10	1.18	1.29
		河湾半径/m	8 466	6 362	5 749
		主流线摆幅/m	11 920	10 080	5 760

3. 含沙量对弯曲系数的影响

图 8-29 为清、浑水条件下的弯曲系数与流量关系。可以看出,相同流量、相同比降条件下清水水流的弯曲系数较含沙水流明显偏小、河势相对趋直。由此也表明:长期清水条件下,要取得同样的控制河势的效果,需要相对较多的控导工程控制水流。

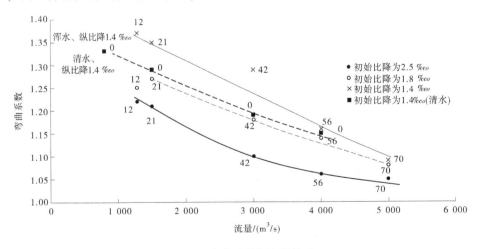

图 8-29　弯曲系数与流量关系

4. 小结

河势演变是一复杂过程,受影响因素很多,比如水沙、边界条件(河道整治工程、比降、河岸物质组成)等,同时有一定的滞后性。但总体仍遵循大水趋中、小水坐湾等规律。从目前的河道整治条件和河势演变规律看,黑岗口以上河段水沙条件对河势的影响仍占重要的地位,但黑岗口以下河道整治工程对河势的影响占主要因素。河势的变化规律是由上游向下游发展的趋势,影响范围从上游向下游逐渐减弱,直至含沙量恢复到一定程度。

低含沙(清水)洪水塌滩(主要是工程下游的滩地)打尖(弯顶对面的滩唇)作用强,有利于河势大水趋直;但因含沙量低,没有足够泥沙塑造河床,不利于小水坐湾。同时河道塌滩展宽也显著减小了滩岸对河势的约束能力。

8.2.2　河势调整机制分析

小浪底水库运用以来,下游河道由淤积抬升转为了冲刷下切。河道来水来沙发生了变化,河流功率发生了变化,河道所处的能态也发生改变。1960 年至今,河道横断面形态和平面形态也发生了巨大改变,甚至河型也有调整。本章即从河道所处能态角度,分析其与河道平面形态之间的关系,揭示黄河下游河道复杂形态调整机制。

8.2.2.1　冲积性河流平衡理论

冲积性河流平衡理论中,一般来说,河道平衡状态可由水流连续方程、阻力方程和输沙率方程来确定:

$$Q = BhV \tag{8-1}$$

$$V = 7.68 \left(\frac{R}{d} \right)^{1/3} \sqrt{gRJ} \tag{8-2}$$

$$\frac{Q_s}{B} = c_b (\tau_b - \tau_c)^2 \tag{8-3}$$

式中:n、R、Q_s、τ_0、τ_c、c_d 和 α 分别为糙率、水力半径、输沙率、剪切力、临界剪切力、与粒径大小有关的系数、指数;J_f 是水面比降,这里等于河道比降 $J_f = J$。

但由于三个方程有四个变量,需要补充一个独立方程才能得到一个闭合解。根据河流平衡理论(Huang et al.,2000,2002),引入宽深比,采用变分分析方法求解平衡状态下的河道几何形态。

冲积性河流平衡理论对输沙率公式极为敏感(Huang,2010),选用不同的输沙函数,会产生不同的河流平衡河道断面形态理论,其差异可能会达到 10 余倍,对于河道的治理宽度的规划或渠道的设计影响较大。Huang(2010)根据河流平衡理论提出冲积性流线性理论,推求出输沙率公式中的参数,并通过 Meyer-Peter 的原始水槽试验数据对输沙率公式进行了拟合,所得到的修正后的 Meyer-Peter 和 Müller (1948)输沙率公式称为 MPM-H 输沙函数。黄河清等(黄河清,2010;于思洋,2012;Huang et al.,2014)将该公式应用到长江中下游发现,与其他三个输沙公式相比,由该输沙公式得到的河道平衡形态更接近于实测结果。

张敏(2018)利用黄河清(2010)修正过的 Meyer-Peter 的输沙率公式 MPM-H,结合水流连续方程、阻力方程和黄河下游的水沙条件,求解黄河下游河道的平衡形态,并分析其与实际河道形态的差异,以检验冲积性河流平衡理论在黄河下游的适用性。

从黄河下游花园口站输沙平衡所需坡降 $J_{\min}$ 与实际河道坡降 J_c 的比值来看,游荡型河道在不同时期远离平衡态的程度,与河道冲淤调整趋势是比较一致的。1960~1964 年,处于三门峡水库“蓄水拦沙”运用阶段,该时期清水下泄,河道均发生强烈的冲刷(见图 8-30),花园口—夹河滩河段年冲刷量一般在 0.35 亿~3.29 亿 t。而从图 8-30 中可以看出,该时期河道实际纵比降约为 1.82‰,且来水偏丰,来沙偏少,因此河道输沙平衡所需比降偏小,一般在 0.9‰~1.3‰。这表明河道实际纵坡降 J_c 大于河道输沙平衡所需坡降 $J_{\min}$,即 $J_c>J_{\min}$,河道有足够的能坡将来沙输送走,并且还有多余能量,河道即发生冲刷。

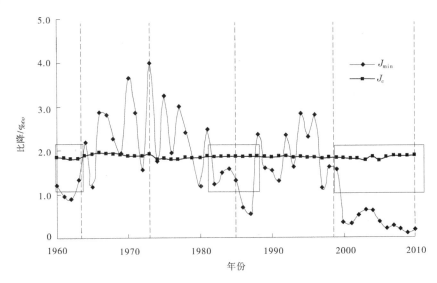

图 8-30　花园口河段输沙平衡所需能坡 $J_{\min}$ 与实际河道比降 J_c 对比(张敏,2018)

同样在 1982~1987 年,由于天然来水偏丰,来沙偏少,河道发生了微冲或冲淤平衡,而在这个时期,J_c 也是大于 $J_{\min}$ 的。2000 年以后,由于小浪底水库进入拦沙运用初期,除调水调沙外,其余时间均为清水下泄。该时期花园口—夹河滩年冲刷量一般在 0.02 亿~0.72 亿 t。此时,河道实际纵坡降约为 1.82‰,而由于来沙较少,因此输沙平衡所需比降则较小,一般为 0.1‰~0.6‰,因此 $J_c>J_{\min}$ 时,河道发生了持续冲刷。

结果表明,河道平衡输沙所需纵比降与河道实际对比情况,能较好地被黄河下游该河段实际冲淤情况所印证,这就表明了冲积性河流平衡理论在黄河下游的适用性(张敏,2018),见图 8-31。

因此,本文中选用输沙平衡所需坡降 $J_{\min}$ 与实际河道坡降 J_c 的比值 $J_{\min}/J_c$ 来作为河道的不平衡态的程度的参数,即 $J_{\min}/J_c$ 越大,则说明河道越远离平衡态,河流所具有的能态则越小。

8.2.2.2　辫状系数

早期 Leopold et al. (1957)将冲积性河流分为顺直河流、弯曲河流和辫状河流。辫状

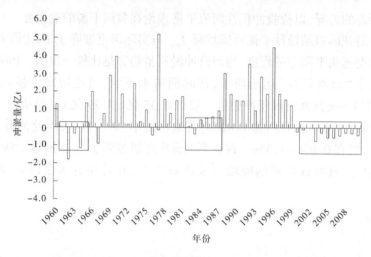

图 8-31　花园口—夹河滩河段年冲淤变化（张敏,2018）

河流被定义为河道呈现多股、横向可动性强的河流。而游荡型河道,国外学者常归为辫状河型。对于辫状河流的特征用哪种指标来描述辫状强度,地貌界学者开展了量研究,而且争议也较多(Brice,1960,1964;Rust,1978; Germanoski et al. ,1993;Howard et al. ,1970; Hong et al. ,1979;Mosley,1981;Friend et al. ,1993;Egozi et al. ,2008)。

　　总的来说分为两大类,即综合弯曲系数(BI_B、BI_B^*、BI_λ 和 BI_{TI}) 和汊道系数(P_T、P_T^*)。本次研究选取 Mosley (1981)提出的汊道系数 P_T^* 来描述辫状河流强度,即

$$P_T^* = \sum L_L / \sum L_{ML} \qquad (8\text{-}4)$$

式中: L_L 为汊道长度; L_{ML} 为主流长度,如图 8-32 所示。

　　因汊道系数对水位具有一定的敏感性,同一条河流在不同水位下,其辫状强度参数会有所不同。因此,本次分析历年的汊道系数 P_T^* 除 2015 年外,均选用每年汛后,即每年 10 月左右的平面图来进行分析。

　　从前面的分析可知,1960 年、1964 年河道心滩较多,且面积较大,河道整体较为散乱。这里从辫状强度的角度来看,1960 年和 1964 年均为小浪底—花园口和花园口—夹河滩河段辫状强度最强的年份(见表 8-2 和图 8-33),其河段平均汊道系数 P_T^* 分别为 3. 16 和 2. 81,最高分别达到了 5. 18 和 3. 84。随着水沙减少和工程建设逐步完善,汊道系数 P_T^* 逐渐减小,其中 1999 年达到了最小,河段平均汊道系数 P_T^* 分别为 2. 02 和 2. 05。2016 年,由于受小浪底水库拦沙运用的影响,河道冲刷下切,较 1999 年增加了一些小心滩,小浪底—花园口和花园口—夹河滩河段汊道系数 P_T^* 分别增加为 2. 41 和 2. 27。夹河滩—高村河段的辫状强度则略

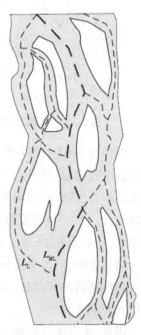

图 8-32　汊道系数示意图

(Mosley,1981)

小于前两个河段,1960 年和 1964 年河段平均汊道系数 P_T^* 分别为 2.55 和 2.59,1972 年减小为 2.12,1982 年又恢复到了 2.59,至 1999 年汛后,则该河段心滩全部消失,如图 8-33 所示,河道属于明显的弯曲型河道。至 2016 年,则由于局部出现的小心滩,平均河道分汊系数 P_T^* 增加为 2.21,但整体来说,夹河滩—高村河段仍然是弯曲型河道的外形。

表 8-2 不同河段辫状强度(汊道系数)

年份	汊道系数 P_T^*		
	小浪底—花园口河段	花园口—夹河滩河段	夹河滩—高村河段
1960	3.16	2.73	2.55
1964	2.72	2.81	2.59
1972	2.38	2.64	2.12
1982	2.28	2.32	2.59
1999	2.02	2.05	1.00
2016	2.41	2.27	2.21

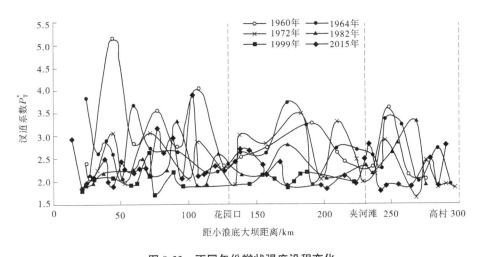

图 8-33 不同年份辫状强度沿程变化

8.2.2.3 河道平面形态变化与河流能态之间的关系

为了探求河流能态与河势平面形态变化的关系,本文建立了典型年份 1960 年、1964 年、1972 年、1982 年、1999 年和 2016 年,夹河滩—高村河段河流不平衡程度 J_{min}/J_c 与辫状强度、心滩面积的关系。从图 8-34 可以看出,随着河流不平衡程度的提高,即河道实际比降 J_c 越小于输沙平衡所需比降 J_{min},则河道的心滩面积越大,河势越散乱。河道越容易发展为趋于顺直的、心滩较多的河道。河道越远离平衡态,河流功率越小,则河道分汊系数越大(见图 8-35),河道的辫状强度越大。

　　小浪底水库运用后,夹河滩至孙口河段一直处于冲刷状态,即远离输沙平衡的状态,因此河道心滩增多,分汊系数也在增大。这也是该河段近期在工程上首出现少量心滩的机制。

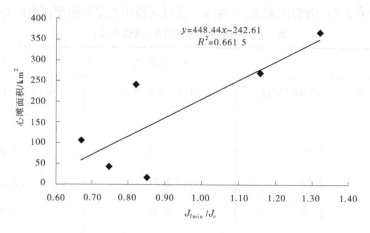

图 8-34　心滩面积与游荡型不平衡程度关系

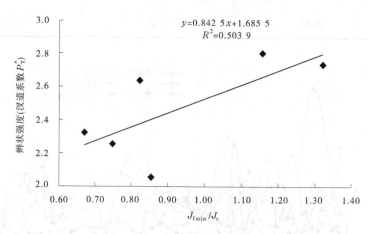

图 8-35　辫状强度与游荡型不平衡程度关系

8.3　浮桥建设对河势的影响

8.3.1　菏泽河段浮桥建设概况

　　黄河浮桥从投入使用到技术成熟已经有 20 多年历史,根据《黄河防洪工程基本资料汇编》统计,黄河下游干流目前正在运营的浮桥共有 66 座,其中菏泽河段有 14 座,详细情况见表 8-3。

表 8-3　菏泽河段浮桥统计

序号	浮桥名称	左岸位置	右岸位置	建成时间(年-月)	县局
1	焦园浮桥	大留寺工程 32#~33#坝	焦园	2006-06	东明局
2	辛店集浮桥	白河村	辛店集工程		东明局
3	长兴浮桥	13+690	176+600	2013	东明局
4	沙窝浮桥	35+550	193+371	2003-09	东明局
5	渠村临时浮桥	50+600	203+700	2013-04	濮阳一局
6	油楼浮桥	南小堤险工下游	220+200	2014-12	牡丹局
7	董口浮桥	98+500	248+645	2004	鄄城局
8	旧城浮桥	114+150	267+340	1990-04	鄄城局
9	恒通浮桥	124+257	271+600	2004-04	范县局
10	左营郭集浮桥	126+500	279+450	2005	鄄城局
11	苏阁浮桥	131+400	290+210	2014	郓城局
12	昆岳浮桥	140+425	298+000	2005-07	范县局
13	李清浮桥	146+125	300+282	1994-06	郓城局
14	伟庄浮桥	159+300	311+131	2007	郓城局

8.3.2　浮桥对河势影响因素分析

《黄河下游浮桥建设对河势及防洪影响评估》(黄科技 ZX-2008-24-40)指出:浮桥对河道河势的影响因素包括浮桥布置、结构形式与承受荷载、地质条件等。

(1)浮桥布置。包括浮桥位置、浮舟与水流方向夹角的大小、桥头固定物的布置形式及滩地引路等都是影响河道河势的最主要因素。

浮桥位于河段的不同位置,对河势的影响是不同的。依托控导工程修建浮桥时,若浮桥位于控导工程的迎流段,将引起工程着流点的改变;若浮桥位于控导工程送流段时,会影响工程的送流效果。在上下两处工程间修建的,有可能影响上首工程的送流效果和下首工程的着流点及来流方向。

当桥轴线与水流方向不正交时,桥面长度越大,浮桥沿桥轴方向的导流能力越强,同时浮桥上游将会产生更高壅水,河道流场也会不同程度漩涡,黄河下游河段,特别是游荡型河段的河势经常变化,相对固定的浮桥位置将会导致浮舟与水流方向的夹角经常发生变化。当该角度变化时,将会引起浮桥对河势影响程度的改变。

浮桥的长度初建时,一般与当时河面宽或与常年河面宽相等,桥头修建比较坚固;当河面变宽或摆动时,桥头将阻碍水流,进而影响河势。特别是许多浮桥管理单位,在桥头淘刷出险时,经常采用抛石等方式抢护,从而在桥头附近形成丁坝,影响河势。

滩区引路在洪水不漫滩的情况下并不影响河势,但洪水期漫滩情况下,普遍高出滩地的引路将阻断洪水在滩区的演进,影响全断面洪水演进和滩槽交换,从而影响滩槽冲淤规律及河势变化。

河道水流流量、流速的大小不同,浮桥沿桥轴方向的导流作用也不同。流量流速小时,导流作用小;流量流速大时,导流作用也大。因此,洪水期的历时虽然短,浮桥桥位处仍存在形成畸形河势的可能。

(2)浮桥承压舟结构型式与承受荷载,也是影响河道河势的因素之一。黄河浮桥多由双体承压舟连接组成,吃水深度 1 m 左右。舟体连接桥跨度越大,水流越容易通过,上游壅水高度越低,桥下水流加速小,导流作用减弱。舟体连接桥跨度越小,上游壅水高度越高,桥下水流加速大,河床有可能发生冲刷。承压舟结构型式的影响与浮桥承受荷载有直接关系,承受荷载越大,影响越大,反之越小。

(3)河道、滩岸的地质条件不同,浮桥导流的影响不同。滩岸若为易冲刷土质,则会在直接受冲部位引起滩岸坍塌,造成局部河势改变;若为不易冲刷土质,则直接受冲部位将起到阻水和导流作用。

8.3.3　典型浮桥建设对河势平面形态的影响

8.3.3.1　长兴浮桥

长兴浮桥位于辛店集—周营—老君堂河段,左岸位置 13+690,右岸位置 176+600,位于周营上延工程 17#～18# 坝,浮桥结构为钢制双体承压舟,全长 400 m,始建于 2011 年。

从表 8-4、图 8-36 可以看出,长兴浮桥建设之前,2008 年辛店集至周营上延的水边线偏向左岸,弯道上游水面宽约为 460 m,河势平面形态顺畅;2011 年长兴浮桥修建后,2013 年周营上延工程处水边线较 2008 年向右偏移,弯道上游水面宽约为 1 190 m,且在浮桥上游形成 1 600 m×600 m 的菱形心滩,2017 年水边线较 2013 年继续向右偏离,弯道上游水面宽约为 1 510 m,且浮桥上游心滩增大为 3 100 m×1 000 m。整体来看,浮桥建设前后,周营上延工程处 2017 年水边线右边界较 2008 年向右岸偏移 1 050 m,一直到偏移到浮桥路基处。分析可能有两方面的原因造成此处河势畸形,一是浮桥建设后,阻碍水流形成壅水,壅水范围内流速减慢,造成心滩逐渐增大;二是浮桥路基临河侧有抛石,阻碍河势主流回归至治导线范围内。

表 8-4　长兴浮桥建桥前后河势形态变化

	年份	河宽/m	心滩/(m×m)	备注
建桥前	2008	460	2 800×330	狭长菱形心滩
建桥后	2013	1 190	1 600×600	—
	2017	1 510	3 100×1 000	—

8.3.3.2　旧城浮桥

旧城浮桥位于鄄城桑庄险工 20# 坝以下 350 m,左岸位置为 114+150,右岸位置为 267+340,紧邻桑庄险工 20# 坝,浮桥结构为钢质双体承压舟,浮桥长 360 m、宽 10 m,浮舟吨位 80 t,2002 年 10 月建成。

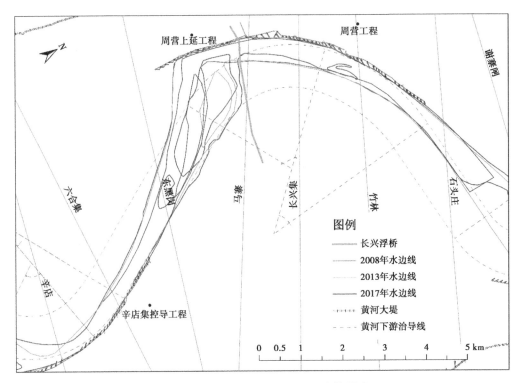

图 8-36　长兴浮桥对河势平面形态的影响

　　从表 8-5 和图 8-37 可以看出:浮桥上游 5 500 m 范围内为直河道,浮桥处河宽逐步增加。旧城浮桥建设之前,1995 年浮桥处河宽 400 m;浮桥 2002 年建成后,2003 年浮桥处河宽 434 m,2007 年浮桥处河宽 495 m,2015 年浮桥处河宽 567 m,2017 年浮桥处河宽 538 m,浮桥处河宽逐步增大,可能因为浮桥阻水产生壅水,浮桥上游壅水范围内,两岸边界出现淘刷,河宽逐步增大,2015 年浮桥上游 1 100 m 左岸持续坍塌坐湾,危及当地村庄,当地村民临时修建 3 个垛,将主流挑向右岸,浮桥处河宽出现小幅度减小。

表 8-5　旧城浮桥建桥前后河势变化

	年份	河宽/m
建桥前	1995	400
建桥后	2003	440
	2007	495
	2015	567
	2017	538

　　浮桥上游河势逐步向左岸摆动,下游河势基本无变化。1995 年浮桥上游水边线靠向右岸,2003 年、2007 年水边线逐步靠向左岸,2015 年水边线最靠左岸,与 1995 年相比较,水边线左边界最大偏离 470 m。浮桥以下 800 m 范围内,左岸水边线发生轻微向左摆动,最大摆动幅度为 155 m。

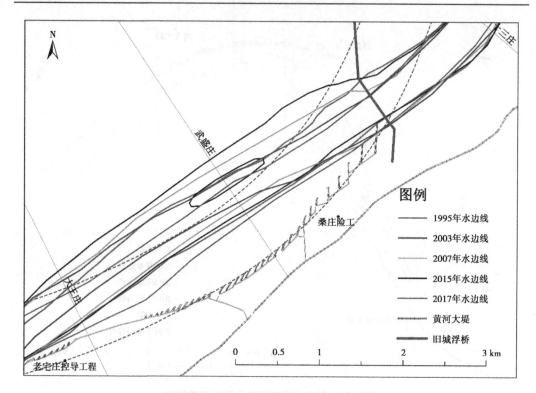

图 8-37　旧城浮桥对河势平面形态影响

　　浮桥建成后,浮桥处河势形成了像喇叭那样的小卡口,说明浮桥桥头有抛石护底,水流无法冲动桥头石头,使左岸切滩受阻,只能向浮桥中间集中,因此形成小卡口,局部范围内影响河势。

8.4　小　结

　　(1)影响河势调整的因素众多,包括水沙条件、河床及河岸物质组成、工程等。在黄河下游现有河道整治工程约束条件下,水沙条件是影响小水河势的关键。原型资料和物理模型试验资料分析表明,流量的大小对河道的弯曲系数、弯曲半径及主流摆幅影响较大。流量越小,则越易形成弯曲半径较小河湾,河道弯曲系数则越大。相同流量、相同比降条件下,清水水流的弯曲系数较含沙水流明显偏小、河势相对趋直。同流量和含沙量条件下,比降减小则河道弯曲系数增大。

　　这也说明,小浪底水库运用后,菏泽河段长期清水小水下泄,由于流量减小,河道发生冲刷,纵比降减小,因此弯曲系数增大,河湾半径减小。由此也表明,长期清水条件下,要取得同样的控制河势的效果,需要对目前的河道整治工程布局完善,以适应目前的平面形态。

　　(2)小浪底水库运用以来,下游河道来水来沙发生了趋势性变化,河流功率发生了变化,河道所处的能态也发生了改变。通过典型年份河流不平衡程度 J_{min}/J_c 与辫状强度、心滩面积的关系分析表明,随着河流不平衡程度的提高,即河道实际比降 J_c 越远远小于

输沙平衡所需比降 J_{min},则河道的心滩面积越大,河势越散乱。河道越容易发展为趋于顺直的、心滩较多的河道。河道越远离平衡态,河流功率越小,则河道分汊系数越大,河道的辫状强度越大。

小浪底水库运用后,夹河滩至孙口河段一直处于冲刷状态,即远离输沙平衡的状态,因此河道心滩增多,分汊系数也在增大。这也是该河段近期在工程上首出现少量心滩的机制。

(3)浮桥位置、浮舟与水流方向夹角的大小、桥头固定物的布置形式及滩地引路等是影响河道河势的最主要因素。洪水期的历时虽然短,浮桥桥位处仍存在形成畸形河势的可能。浮桥建设后,阻碍水流形成壅水,壅水范围内流速减慢,造成心滩逐渐增大。浮桥路基临河侧有抛石,阻碍河势主流回归至治导线范围内,影响河势调整。

第9章　山东黄河菏泽段河势演变趋势及治理研究

9.1　山东黄河菏泽段河势演变趋势

目前小浪底水库的拦沙库容仍有 40 亿 m³,按 2000~2018 年的淤积速率看,下游仍可维持冲刷达十几年。根据前面 4.3 节河势变化特点分析,在这种长期清水小水的水沙条件下,河势发展有如下趋势:

(1)大部分河段主流线的摆动均在治导线范围内,个别河段偏离治导线范围,但摆动幅度相比较 2000 年之前均有所减小。

(2)部分河湾由于流量变小,含沙量减少,河道弯曲半径变小,弯曲系数增大,由大河湾变为小河湾。甚至有些原来工程在靠河较好的河段,出现不规则或者"S"形的河湾,同一个工程连续靠河两次的现象。长期小水河势,加剧了畸形河湾的出现。

(3)部分河段主流出现上提或下挫现象,有些甚至脱河。河势的上提或下挫,致使部分涵闸引水困难。

(4)局部河段上首出现心滩增多,心滩面积增大,河道水流产生分汊现象。

黄河下游河道整治实施近半个世纪以来,河势的变化已经出现了较大的改善。1965年后,开始有计划地修建治河工程,至 1974 年该河段主流线摆幅已经已经明显减小,主槽相对稳定,河势基本得到了控制,成为黄河下游人工控制下的过渡性河段。未来在小浪底水库仍长期清水小水下泄的条件下,菏泽河段的河势仍将在可控制范围内,但是会出现与现有中水河道整治工程布局不适应现象,局部会有小的变化。

9.2　山东黄河菏泽段河道治理方案

9.2.1　造床流量变化

在河道整治规划设计中,设计流量是河道整治的主要参数之一。设计流量有设计防洪流量、中水流量和设计枯水流量。设计防洪流量是设计防洪的标准,是堤防设计及其附属建筑物的设计依据。设计枯水流量及水位则是为了满足航运与引水要求。设计中水流量计水位则是控制中水河槽的设计标准,与河道整治关系及其密切,因冲积性河流的中水河槽多由造床流量的造床作用而形成,通常把造床流量作为设计整治流量(胡一三等,2006;耿明全等,1999;金晓琴,2004)。因此,合理确定造床流量,在河道整治规划设计中极其重要。

9.2.1.1　造床流量计算方法

河床演变不仅取决于来水和来沙的绝对数量,还与它们的过程有关。当引入某一流量,在这个流量下的造床作用假定和多年流量过程的综合作用相等,这一流量称为造床流量(钱宁,1987)。洪水期河床变形很快,但洪水转瞬即逝,没有足够的时间塑造河床。同样地,枯水季节历时很长,但泥沙起动较弱,对造床所起作用不大。因此,造床流量是介于这两种极端之间的某一个流量概念。

确定造床流量,目前理论上还不够成熟,在实际工作中,一般多采用下述 5 种方法,即平滩流量法、马卡维耶夫输沙率法、张红武输沙能力法(1994)、吉祖稳水沙综合频率法(1994)和孙东坡水沙关系系数频率法(2013)等。

(1)平滩流量法。

平滩流量法是指采用平滩流量作为造床流量的方法。此方法的依据是水流在漫滩前随着水深的增加,流速不断加大,造床作用不断增强;水流漫滩之后,滩地阻力较大,主槽流速受到遏制,造床作用减弱。因此,当流量超过平滩流量以后,造床作用反而降低,平滩流量即反映河道主槽的最大过流能力,因此将平滩流量作为造床流量。

(2)马卡维耶夫输沙率法(简称马氏输沙率法)。

马卡维耶夫认为,某个流量造床作用的大小,既与该流量的输沙能力有关,也与该流量所持续的时间有关,前者可以认为与流量 Q 的 m 次方及比降 J 的乘积成正比,后者可以用该流量出现的频率 P 来表示。因此,当 $Q^m JP$ 的乘积为最大时,其所对应的流量的造床作用也最大,这个流量便是所要求的造床流量。此方法确定的流量通常存在两个造床流量。第一造床流量与多年平均的最大洪水流量相当,是决定中水河槽河床形态的流量;第二造床流量稍大于年平均流量,仅对塑造枯水河槽有一定的作用。

(3)张红武输沙能力法。

张红武等(1994)认为马卡维耶夫输沙率法夸大了洪水作用而忽略泥沙作用,为此对马氏输沙率法进行了修正,提出除水流强度以外,含沙量、泥沙粗度、河床边界条件等因素对造床过程及其河床形态有显著影响,为反映这些因子影响,引入输沙能力法确定造床流量。通过对研究河段的典型断面历年观测流量分级,确定每级的平均流量、流量频率及对应含沙量,当 $QSP^{0.6}$ 最大时对应流量即为造床流量。

(4)吉祖稳水沙综合频率法。

吉祖稳等(1994)认为在天然河流中,水沙条件是决定河床形态的主要因素;多沙河流中含沙量及其过程对造床流量的影响是不可忽视的。在分析造床流量的方法中,涉及时间频率的概念不能只针对水流,必须考虑含沙量及其对造床的影响。基于这种思路,他引入了"含沙量频率 P_s、流量频率 P_Q"的概念,提出当 $G_s P_s P_Q$ 取最大值时,所对应的流量为造床流量。

(5)孙东坡水沙关系系数频率法。

孙东坡等(2013)认为,国内外关于造床流量的研究都看重实测资料的主导影响,而河床对径流泥沙过程响应的时间因素相对忽视。由于黄河下游特殊的来水来沙条件和水沙变异的特点,必须理清局部时期的畸形波动与长期的稳态平衡。目前一些造床流量确定方法对影响造床作用的泥沙因素考虑不足,再利用当年黄河下游资料,计算造床流量时会出现第一造床流量小于第二造床流量的反常现象。因此,他引出了水沙关系系数 S^2/Q 来反映黄河下游水少沙多的现象。利用实测资料分析黄河下游典型特征断面的冲淤量 ΔW_s 与水沙关系系数 S^2/Q 和 S/Q 的相关性,发现 $S^2/Q \sim \Delta W_s$ 的相关性要比 $S/Q \sim \Delta W_s$ 好得多。因此,水沙关系系数频率法,即 $G_s P_{(S^2/Q)}$ 最大值为造床流量。

本章选取了经典的马卡维耶夫输沙率法和孙东坡水沙关系系数频率法分别对黄河下游造床流量进行了计算,这两种方法的具体步骤如下。

(1)马卡维耶夫输沙率法计算步骤:

①将河段某断面历年(或选典型年)的流量过程分成相等的流量级。

②确定各级流量出现的频率 P。

③绘制该河段的流量—比降关系曲线,以确定各级流量相应的比降。

④算出相应于每一级流量的 $Q^m JP$ 值,其中 Q 为该流量级的平均值;m 为指数,可由实测资料确定,即在双对数纸上作 $G_s \sim Q$ 关系曲线(G_s 为与 Q 相应的实测断面的输沙率),曲线斜率即为 m 值,对平原河流来说,一般可以取 $m=2$。

⑤绘制 $Q \sim Q^m JP$ 关系曲线如图 9-1 所示。

⑥从图中查找 $Q^m JP$ 的最大值,相应于此最大值的流量 Q 即为所求的造床流量。

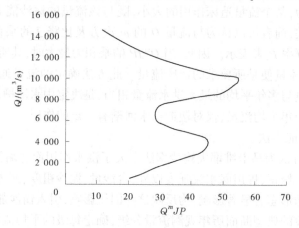

图 9-1　$Q \sim Q^m JP$ 关系曲线

(2)孙东坡水沙关系系数频率法计算步骤:

①由实测日均流量和含沙量资料计算日均水沙关系系数 S^2/Q,做出日均水沙关系系数表。

②将河段断面历年实测的流量分成若干流量级,并将水沙关系系数分成若干等级。

③计算各流量级下实测流量的平均值 Q_i、实测含沙量的平均值 S_i 和实测水沙关系系数平均值 S_i^2/Q_i。

④根据各级水沙关系系数出现的天数,确定各级水沙关系系数出现频率 $P_{(S^2/Q)}$,并和水沙关系系数点绘制成水沙关系系数频率曲线"$S^2/Q \sim P_{(S^2/Q)}$"。

⑤由各流量级对应的实测水沙关系系数平均值 S_i^2/Q_i,查水沙关系系数频率曲线,得出各流量级中水沙关系系数出现的频率 $P_{(S^2/Q)}$。

⑥计算各流量级下的 $G_s P_{(S^2/Q)}$，绘制 $G_s P_{(S^2/Q)}$ 与对应流量级 Q 的关系曲线图，从图中查出 $G_s P_{(S^2/Q)}$ 的最大值，此最大值即为所求的造床流量。

9.2.1.2　造床流量计算结果

利用马卡维耶夫输沙率法和孙东坡水沙关系系数频率法计算高村造床流量的变化如表 9-1、图 9-2 和图 9-3 所示。可以看出，两种方法计算出来的结果略有不同，但造床流量总体变化趋势是相同的。造床流量最大的时期是在 1960~1964 年和 1974~1985 年这两个时期，其中第一造床流量一般在 3 600~6 400 m³/s，而到 1986~1999 年造床流量减小为 1 900~3 300 m³/s。2000 年后造床流量更小，第一造床流量一般在 2 300~2 900 m³/s，第二造床流量仅有 1 400~2 100 m³/s。可见，小浪底水库运用后造床流量均减小，目前对流塑造河床起主要作用的流量一般在 1 400~2 900 m³/s。

表 9-1　黄河下游高村造床流量

时期/年	马卡维耶夫输沙率法/(m³/s)		孙东坡水沙关系系数频率法/(m³/s)	
	第一造床流量	第二造床流量	第一造床流量	第二造床流量
1960~1964	3 870	2 890	5 530	4 550
1965~1973	2 761	2 728	4 683	3 883
1974~1985	3 577	3 541	6 367	4 117
1986~1999	1 911	1 729	3 279	2 621
2000~2016	2 268	1 385	2 879	2 121

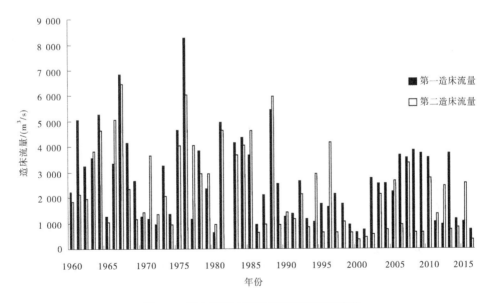

图 9-2　马卡维耶夫输沙率法造床流量变化

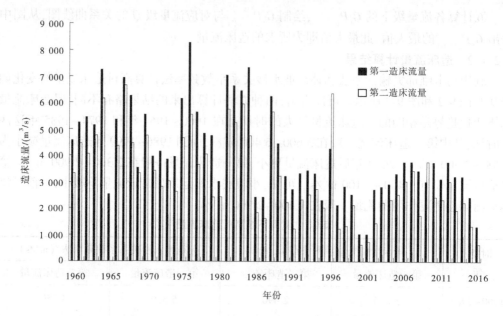

图 9-3　孙东坡水沙关系系数频率法造床流量变化

9.2.2　河道治理原则

黄河菏泽段河道位于山东黄河最上游,流经东明、牡丹、鄄城、郓城四县(区),河道长约 185 km,总的特点为河道上宽下窄、纵比降上陡下缓、排洪能力上大下小。以高村为界,高村以上为游荡型河段,长约 66 km;高村以下为过渡性河段,长约 119 km。自然状态下,菏泽市河道河势变化复杂,主溜纵向和横向变化均较剧烈,常造成滩地坍塌和防洪工程出险。高村以上游荡性河道,整治前存在的主要问题是:河势游荡。禅房工程长时期出溜不稳,蔡集、王夹堤及大留寺工程多年不靠河,未能发挥控导河势作用;单寨、马厂等处横河、斜河时有发生,护滩工程出险;周营工程靠河不稳,老君堂、榆林、堡城工程多年不靠河,堡城与青庄之间的直河段主流横向摆动频繁。经过整治,河势初步得到控制,河道形态好转,大部分河段初步形成单股、集中、规顺河槽,河势逐渐趋向原定规划治导目标发展。高村以下过渡性河道,整治前河势演变的主要特点是:河势变化大,主流摆动频繁,剧烈变动的弯曲河段与相对平顺的直河段交替出现,在弯曲河段表现出弯曲型河道的演变规律,在平顺河段时常表现出游荡型河道的演变特点。经多年治理,河势基本得到控制,各工程靠河着溜状况基本符合规划设计治导目标。

小浪底水库运用后,除调水调沙期外,黄河下游长期处于低含沙小流量的水流过程,致使河道的摆动规律发生相应的调整。2006 年以来老君堂工程河势持续下挫达 2 000 m,至 2015 年已下挫至 29# 坝,若继续下滑,则会导致老君堂工程脱河。2009 年汛后至2010 年汛前,堡城至青庄河段河势发生重大变化,其主要表现是主溜趋中,三合村控导工程前主流外移 2 km 左右,三合村控导工程全部脱河,青庄险工河势下挫。高村、南小堤河势上提,南小堤河湾湾体脱溜,失去以湾导溜的作用,致使刘庄险工河势下滑,多年不靠河的贾庄险工重新靠河,受此影响,连山寺工程上首滩地持续坍塌,甚至对附近的段寨村产生了威胁;彭楼工程处坐湾比较死,使得老宅庄工程中下段、桑庄险工不能靠溜,主溜入芦井工程河湾,造成李桥控导工程河势上提。

综上所述,目前菏泽河段河道治理存在的主要问题是,在长期小水作用下,局部河段河势上提下挫严重,若继续发展,可能会引起工程脱河,甚至会危及村庄和堤防的安全。另外,根据 2000 年后造床流量基本维持在 1 400~2 900 m³/s,可见河道整治所对应的整治流量也应该适当减小,应考虑小水河道整治的需要,开展小水河道整治方案研究。

根据目前菏泽河段河道治理存在的主要问题,该河段河道治理的原则主要是,遵循河势演变规律,因势利导,适时修建小水整治工程,以确保进一步稳定流路、保障防洪和引水安全。

9.2.3　治理方案

立足于送溜长度的主要影响因素,为改善长期小水送溜段不足,以增加送溜长度为目标,分类采取不同治理手段。对短河段,通过上延下续调湾,改善送溜效果;对长河段,通过修建辅助工程,增加送溜长度,提出对现有控导工程布置的完善方案。针对河势演变特点,对于河势变化需要进行治理的 7 处工程提出了相应的治理方案。大部分河段仅一套方案,对于个别较重要的工程提出多套方案备选,具体内容如本节所示,方案详见表 9-2。

表 9-2　各河段河道整治建议汇总

河段	工程名称	整治建议	
		方案一	备选方案
辛店集—周营	周营	拆除长兴浮桥靠河的部分路基,增加周营工程河道的过流宽度	
周营—榆林	周营 老君堂	1. 对周营工程 35#~43#坝进行弯道改造,使其沿着治导线向河道内调整约 15°; 2. 老君堂从 29#坝,沿治导线下延 1 km(坝顶高程均按 2000 年 4 000 m³/s 流量水位加超高 1 m 确定)	
堡城—青庄	堡城 河道	1. 堡城至青庄之间增加一处河湾,共 28 道坝,与现有堡城和河道构成一组弯道工程。 2. 为了配合弯道送溜,堡城工程 15#坝开始,向下游续建 16 道坝。 3. 再将河道工程 2#~3#坝之间的空档裹护起来以保障村庄安全,再在下游续建 6 道坝,保证送溜至三合村工程	其他备选方案与方案一基本相同,但工程布局位置不同

续表 9-2

河段	工程名称	整治建议	
		方案一	备选方案
高村—南小堤	高村南小堤险工	对现有的 10#、13#、14#、16#、17# 和 18# 坝向治导线方向,向河内延长,并在其上首新建 6 道坝,以整体改善高村河道下凸的平面布局	
刘庄—苏泗庄	刘庄	维持现状	1. 刘庄沿 30# 坝向下游新修 1.1 km 工程,并向河道内调整 15°; 2. 刘庄对岸下首修建 1.5 km 辅助送溜工程; 3. 沿张闫楼工程最后一道坝下沿 1 km(坝顶高程与滩面平均高程平)
苏泗庄—连山寺	苏泗庄龙长治	1. 对苏泗庄上延工程进行调湾改造 500 m,以改善; 2. 尹庄工程彻底后退; 3. 龙长治工程下首最后一道坝续建 1 000 m 工程(坝顶高程均按 2000 年 4 000 m³/s 流量水位加超高 1 m 确定)	
彭楼—李桥	老宅庄桑庄险工	1. 老宅庄控导工程对岸下游沿治导线修建 1.5 km 长潜坝; 2. 在桑庄险工下首已建长丁坝的基础上再续建 300 m 工程(坝顶高程与现状 2 000 m³/s 流量水位平)	

9.2.3.1 辛店集—周营河段

由于长兴浮桥右岸硬化桥头形成卡口,过水宽度不足 400 m,迫使周营工程靠河严重上提,右岸桥头阻挡河势向规划治导线方向发展,影响了周营工程作用的发挥,导致老君堂工程靠溜部位严重下挫。

为了充分发挥周营工程的导流作用,建议拆除长兴浮桥右岸部分路基,使过流宽度达到 1 km(见图 9-4),这样可使主流逐渐恢复到导流段靠河,老君堂工程靠流部位也可逐渐上提。

9.2.3.2 周营—榆林河段

周营工程是在抢险的基础上修建的,缺少统一规划,工程坝垛长度不等,形状各异,虽然对老坝进行调整、填裆、接长、废除,形成了一湾导溜的完整弯道,但是由于其下首未按

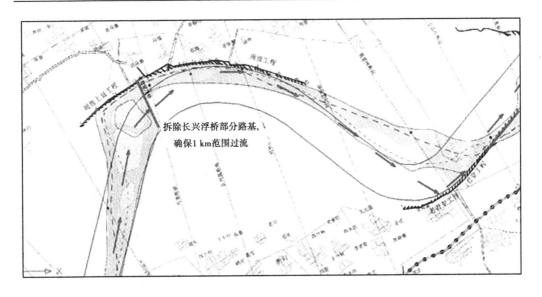

图 9-4　拆除长兴浮桥右岸部分路基

治导线布置,35# ~ 43# 坝后退偏离治导线,致使老君堂河势逐年下挫及滩岸坍塌,若继续下滑,则会导致老君堂工程脱河,水流直冲黄寨险工,走吴黄霍的老水路。

为了解决老君堂工程河势下挫的问题,一方面可以按规划治导线对周营工程 35# ~ 43# 坝进行改造,使其沿着治导线向河道内调整约 15°;另一方面通过老君堂工程从 29# 坝,沿治导线下延 1 000 m 工程,改善老君堂工程的靠河着溜状况(见图 9-5)。坝顶高程均按 2000 年 4 000 m³/s 流量水位加超高 1 m 确定。

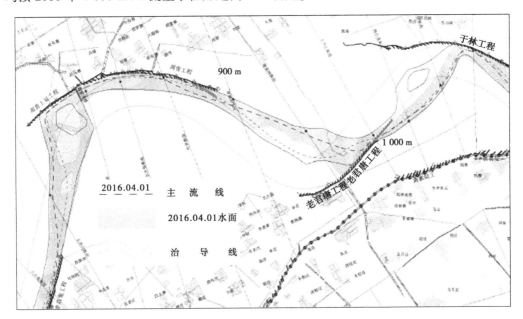

图 9-5　周营—榆林河段建议方案

9.2.3.3　堡城—青庄河段

1.存在问题

渠村引黄闸引水困难,长直河段主流开始坐湾,右岸坍塌严重。

堡城—青庄河段为直河段长约 10 km 的长直河段,中间无节点工程控制。堡城险工顺接霍寨工程来溜后,一直送到青庄工程(见图 9-6)。2000 年与 2017 年河道主流线对比如图 9-6 所示。

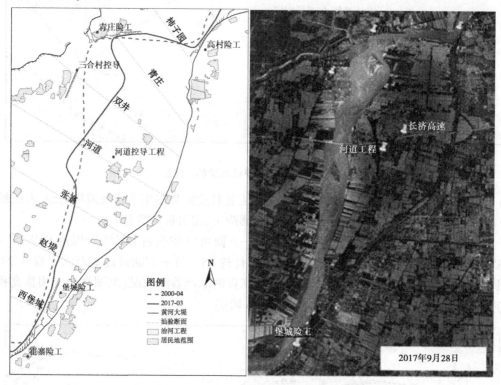

图 9-6　堡城—青庄河段 2000 年和 2017 年河势

从 2000~2012 年来看,该河段主流线比较顺直,基本能送到三合村,再送至青庄险工。从 2012 年汛后开始,由于长期小水,送溜不利,主流在三合村工程处向右岸摆动,河道坍塌展宽,三合村工程基本不靠河,致使渠村引水工程引水困难。截至目前,坍塌长度约 5 000 m,最大宽度约 1 800 m(三合村对面)(见图 9-7)。

2016~2018 年汛前,除长期小水外,小浪底水库的每年一次的调水调沙也暂停了,即约半个月的大流量过程也没有了。因此,主流在堡城险工最后一道坝下游 4 km 处,开始坐湾(见图 9-7),致使在三合村工程对面处形成一个较大的河湾,河道向右岸持续坍塌。

三合村工程不靠河,致使其下游青庄险工河势下挫,至 2018 年 6 月青庄 12# ~ 18# 坝靠河。另外,青庄河势的不稳定也会影响高村河势的调整。

另外,通过分析 1986~1999 年堡城—青庄河段的河势,认为该河段顺直长度较长,因中间若无工程约束,河势容易不稳定(见图 9-8)。例如,1986 年、1987 年和 1988 年,主流出堡城险工之后,并未在三合村和青庄靠河,而是直接在高村险工下部,即 21# 或 33#

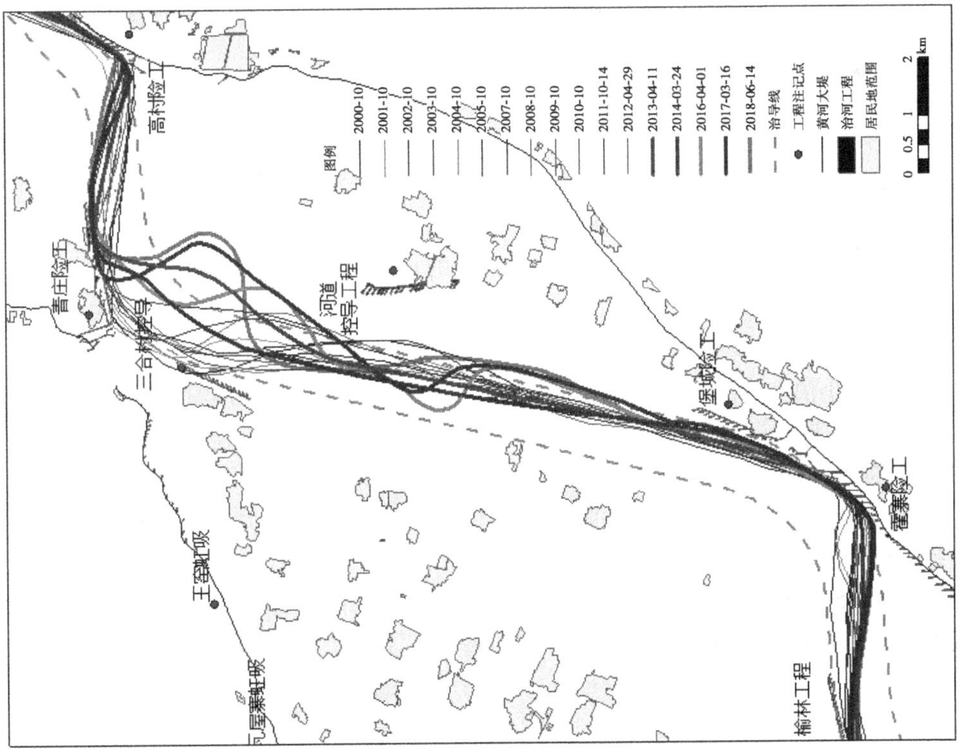

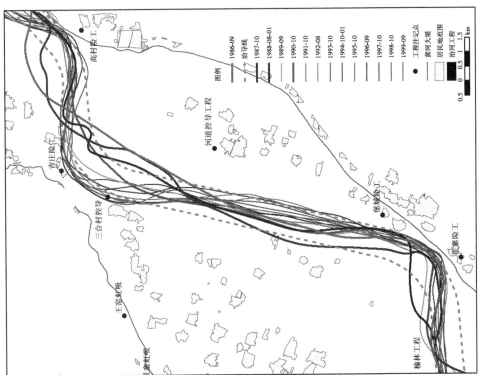

图 9-8　堡城—青庄河段 1986～1999 年主流线

图 9-7　堡城—青庄河段 2000～2018 年主流线

靠河,因此河势变幅较大。若堡城—青庄河段河势不稳定,则会影响高村以下河势变化,一湾变,湾湾变。

2. 解决方案

此处的治理方案有四个:

方案一,堡城至河道之间左岸新增加一个河湾。具体如下:

长直河段主流容易受流量减小、送溜长度减小的影响,主流在未送至其下游工程前,开始坐湾。因此,此处建议在堡城下游左岸增加一处弯道工程(见图 9-9),共 28 道坝,与现有堡城和河道构成一组弯道工程,后将水流送至三合村控导中段,保证渠村引黄闸的引水能力。为了配合弯道送溜,堡城工程 15# 坝开始,向下游续建 16 道坝。堡城下游左岸新增弯道工程位于河南新乡市境内。再将河道工程 2#~3# 坝的空档裹护起来保障村庄安全,在下游续建 6 道坝,保证送溜至三合村工程,具体如图 9-9 所示。

方案二:

在堡城至青庄之间增加一处弯道工程,具体如图 9-10 所示。其中堡城险工从 15# 坝开始向下游河道内方向延约 1.5 km 的工程。在堡城险工下游左岸增加一处弯道工程,长度约 2.2 km。河道工程上首续建约 600 m 的工程,再将河道工程 2#~3# 坝的空档裹护起来保障村庄安全。

方案三:

在堡城至青庄之间增加一处弯道工程,具体如图 9-11 所示。其中堡城下延从 11# 坝开始向下游河道内方向续建 1.5 km 的调湾工程,其下游左岸续建 3 km 的调湾工程。河道工程上首续建约 600 m 的工程,再将河道工程 2#~3# 坝的空档裹护起来保障村庄安全。在下游续建 6 道坝,保证送溜至三合村工程。

方案四:

为了改善三合村工程脱河、青庄河势下挫的不利局面,建议在堡城工程从 11# 坝开始,沿治导线向下游续建 5 000 m 工程,增强堡城险工的送溜能力(见图 9-12),或是从堡城下首赵堤断面开始向下游新建 3 km 的工程(见图 9-13)。新修坝顶高程按 2000 年 4 000 m³/s 流量水位加超高 1 m,从而减小直河段的长度,稳定该河段的河势流路。

9.2.3.4　高村—连山寺河段

(1)存在问题:高村险工靠溜点位置上提,导致南小堤上延河势上提。

2000 年后,小浪底水库蓄水拦沙,长期小水清水下泄。2000~2018 年,高村险工靠溜位置上提(见图 9-14、图 9-15)。1986~1999 年,高村险工靠溜位置在 21#~24# 坝,至 2000~2018 年靠溜位置上提至 11#~17# 坝。高村河势上提(见图 9-16 和图 9-17),导致南小堤上延河势上提,2000~2018 年南小堤靠溜在 -6#~9# 坝。南小堤险工上提后,刘庄险工靠河位置下挫,导致刘庄引黄闸引水困难。

但分析 1985~1999 年河势(见图 9-16),若发现高村险工靠溜点位置下挫至 21#~24# 坝,南小堤上延靠溜位置并不上提,刘庄险工靠溜在 10#~25#,则刘庄引黄闸引水也能保证。

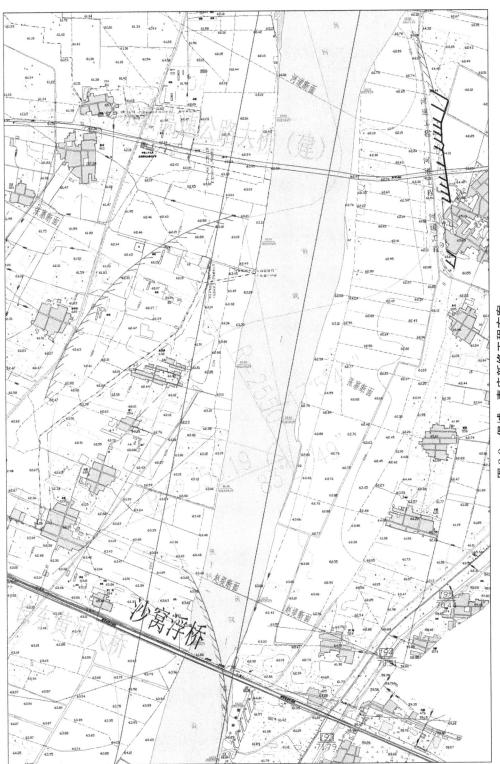

图 9-9　堡城—青庄新修工程方案—

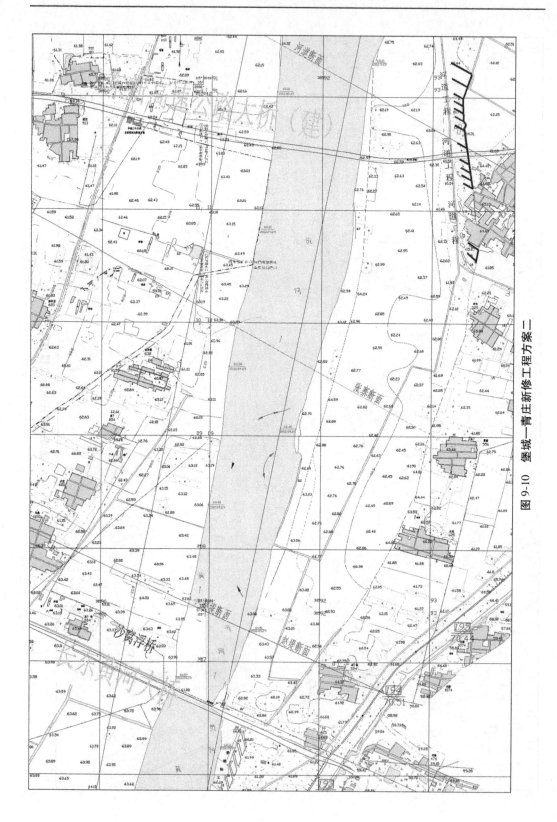

图 9-10　堡城—青庄新修工程方案二

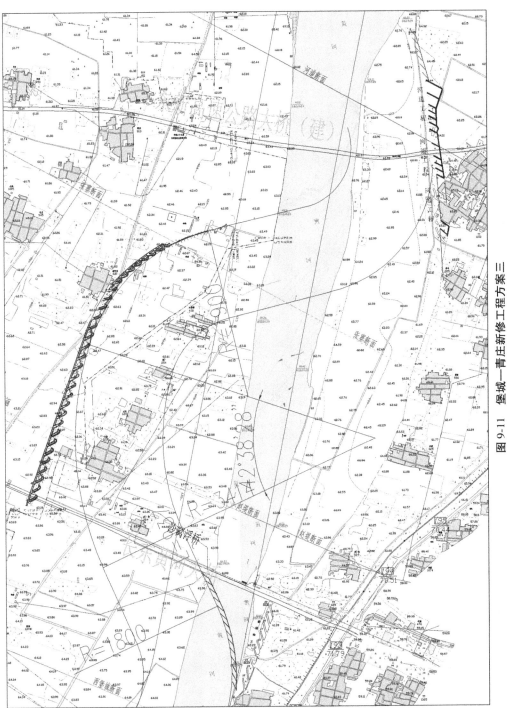

图 9-11　堡城—青庄新修工程方案三

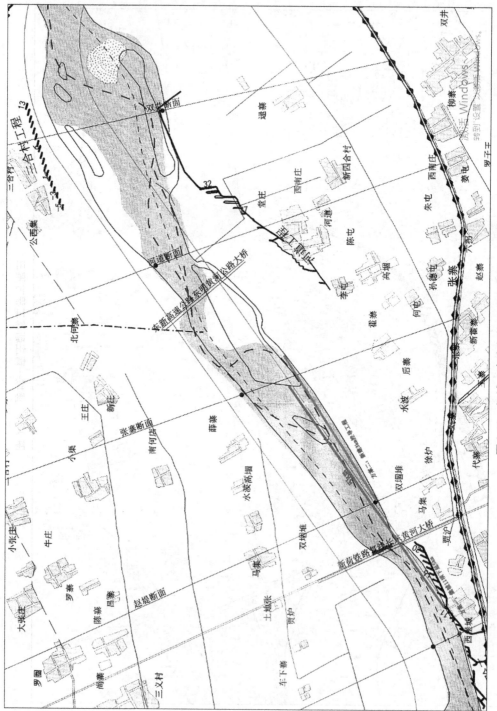

图 9-12　堡城—青庄新修工程方案四

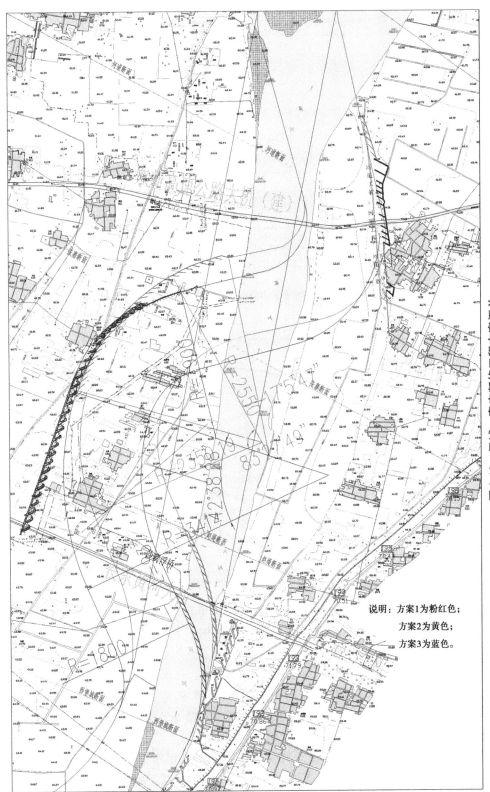

说明：方案1为粉红色；
　　　方案2为黄色；
　　　方案3为蓝色。

图 9-13　堡城—青庄新修工程方案汇总

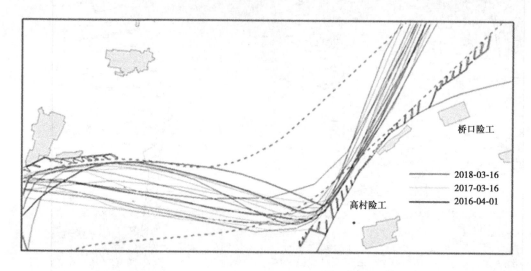

图 9-14　高村险工 2000~2018 年主流线

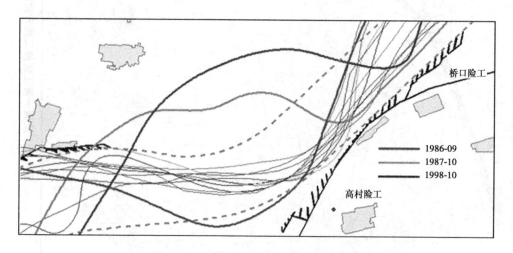

图 9-15　高村险工 1986~1999 年主流线

另外,高村险工是一个外凸的平面布局结构,对于工程上首迎流和下首挑流来说,布局也非常不利,需对其进行调湾改造,调整为下凹型结构。

(2)解决方案。

对高村险工进行调湾改造,具体方案如图 9-18 所示。对现有的 $10^\#$、$13^\#$、$14^\#$、$16^\#$、$17^\#$ 和 $18^\#$ 坝向治导线方向,向河内延长,并在其上首新建 6 道坝,以整体改善高村河道下凸的平面布局。避免上首挑流,引起南小堤上延上提,刘庄下挫等一系列河势及引水问题。

9.2.3.5　刘庄—苏泗庄河段

刘庄—连山寺整治线的直线长度为 10 123 m,目前河势已由 2000 年的顺直河势向弯曲方向发展,同时导致连山寺工程上首滩地坍塌严重,被迫修建 790 m 连山寺上延工程。

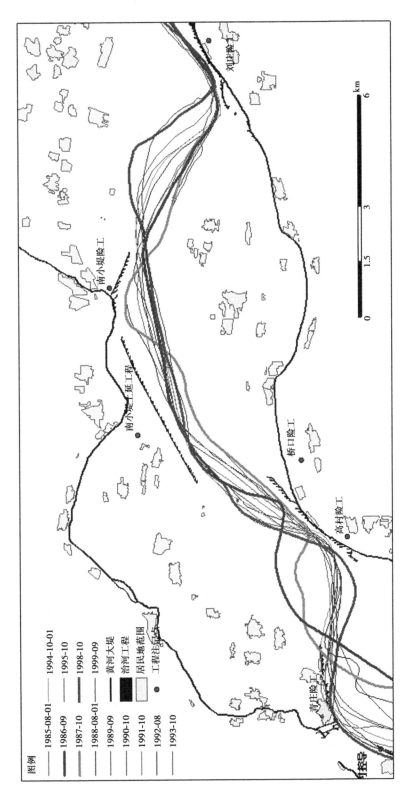

图 9-16 高村河势 (1985~1999 年)

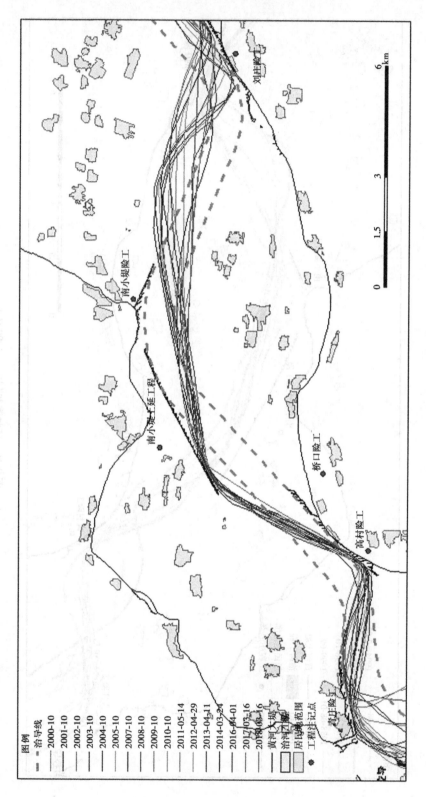

图 9-17　高村河势（2000~2018 年）

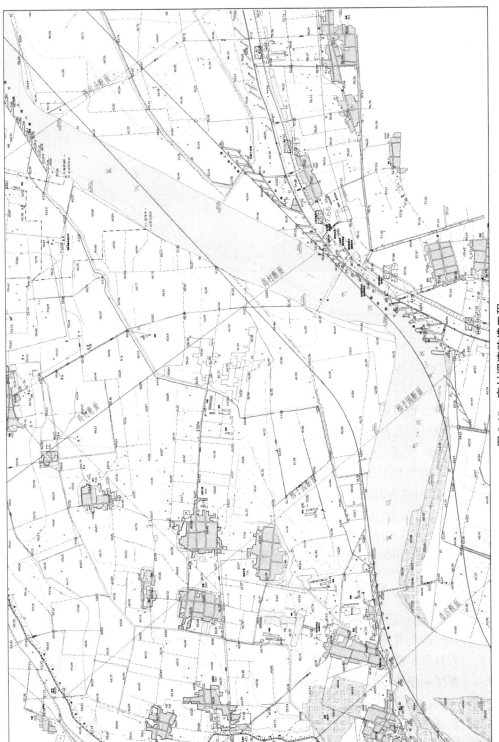

图 9-18　高村调弯改造工程

建议维持现状,可视连山寺上延工程河势发展情况,实时上延下续工程(见图9-19)。

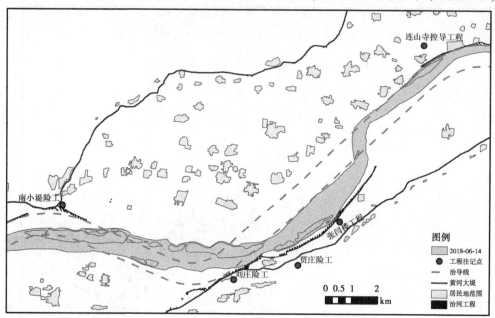

图9-19　刘庄—苏泗庄河段建议方案

9.2.3.6　苏泗庄—连山寺

(1)存在问题:苏泗庄靠溜位置上提,导致龙长治靠溜位置上提;尹庄长坝挑流导致主流向右岸挑流,董口坍塌。

1985~1999年,苏泗庄主流靠溜位置在27#~35#坝(见图9-20),至2006~2018年靠溜位置开始上提,在苏泗庄上延2#~10#坝(见图9-21)。2006~2015年,苏泗庄靠溜位置上提,导致龙长治控导工程靠溜上提至2#坝(见图9-22)。2015年后由于尹庄控导工程长丁坝修建,致使2017年和2018年主流在尹庄下首向右岸摆动,董口坍塌(见图9-22)。

如果尹庄工程后退,苏泗庄仍然是上延2#~10#坝靠溜,则仍然会引起龙长治控导工程靠溜上提。如果苏泗庄工程不是上首几道坝的小湾靠溜,而是靠溜位置在27#以后的几道坝,例如1985~1999年(见图9-23),则龙长治会中部靠溜,河势比较稳定。

(2)解决方案。

对苏泗庄上延工程进行调湾改造。苏泗庄上延工程的布局与高村险工类似,即上首为小凹小湾,中部为外凸平面布局。因此,应避免上首下凹小湾靠溜,对苏泗庄上延工程进行调湾改造,改变其外凸外形。具体方案如图9-24所示,延长苏泗庄上延工程3#~9#坝,工程上首新修3道坝,以改善上首10#坝以上下凹的程度。

9.2.3.7　彭楼—李桥河段

彭楼—李桥河段,因老宅庄、桑庄工程河湾布设上存在先天缺陷,其中上部扁平微凸的布局,致使其与下部弯道并没有形成连续平顺的河湾,近年来彭楼工程下弯兜溜,送至老宅庄控导工程3#~5#坝小湾挑溜,形成溜走左岸、桑庄险工湾体脱溜的河势变化,原为护滩的芦井工程全线靠河着溜,成为制约下游河势的重要工程。

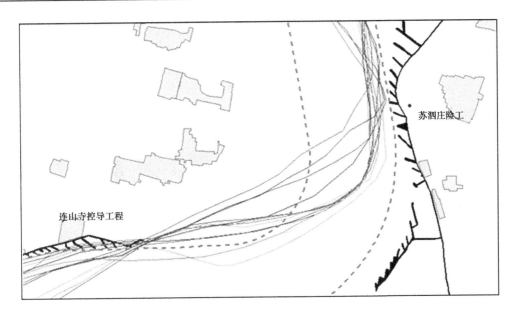

图 9-20　1985~1999 年苏泗庄靠溜位置

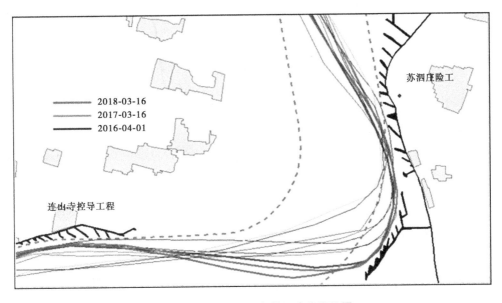

图 9-21　2006~2018 年苏泗庄靠溜位置

该河段河势流路严重偏离规划治导线,在无力全面改造已有工程的前提下,为了尽快使目前河势流路回归治导线流路,也为了减轻芦进工程的防护压力,建议采用以下两种方案:①维持现有河势流路,在桑庄险工下首已建长丁坝的基础上再续建 300 m 工程,减轻芦进工程上首的防护压力(见图 9-25),坝顶高程与现状 2 000 m³/s 流量水位平;②在老宅庄工程对岸下游沿治导线修建 1 500 m 长潜坝(坝顶高程与当地 800 m³/s 相应水位平),控导主流进入老宅庄控导工程和桑庄险工形成的河湾湾体,充分发挥以湾导溜的作用(见图 9-26)。

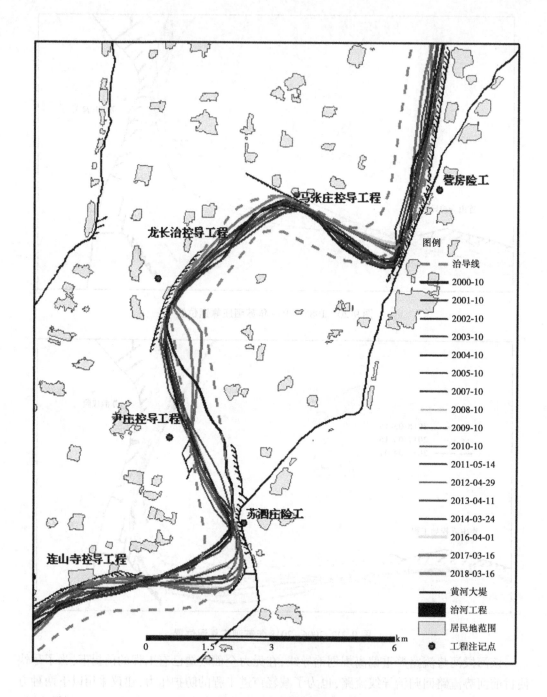

图 9-22　2000~2018 年苏泗庄河段河势

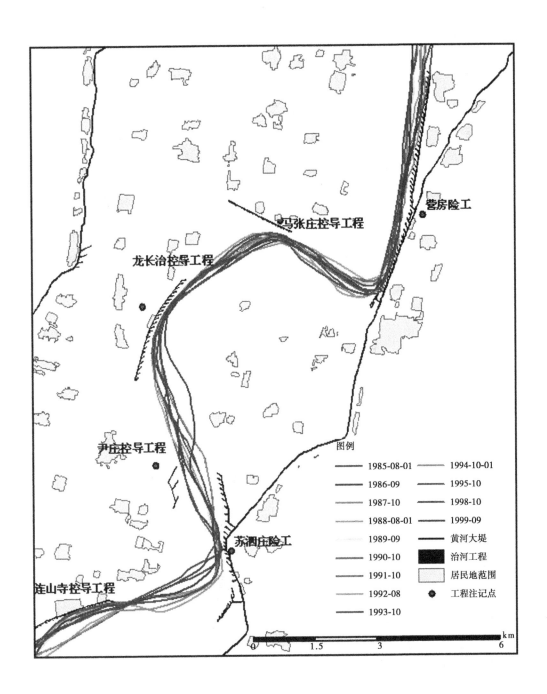

图 9-23　1985~1999 年苏泗庄河段河势

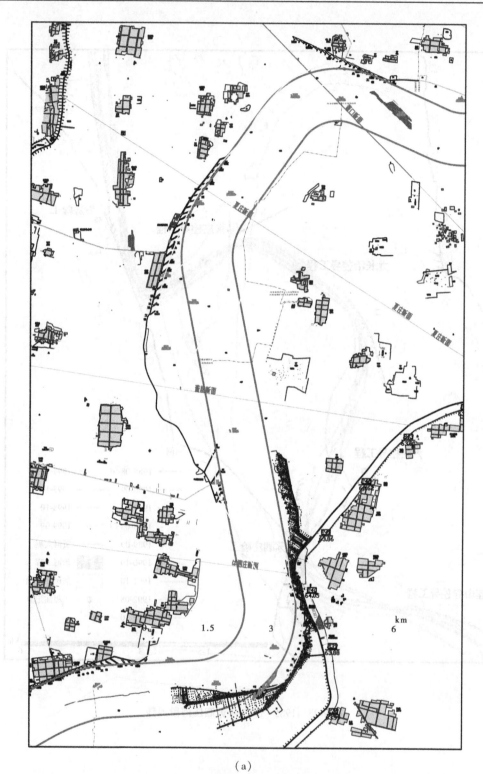

(a)

图 9-24　苏泗庄调湾工程布局

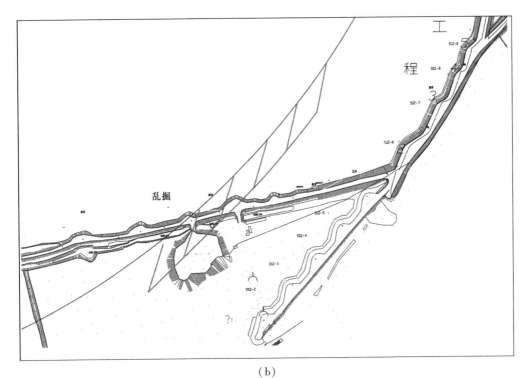

（b）

续图 9-24

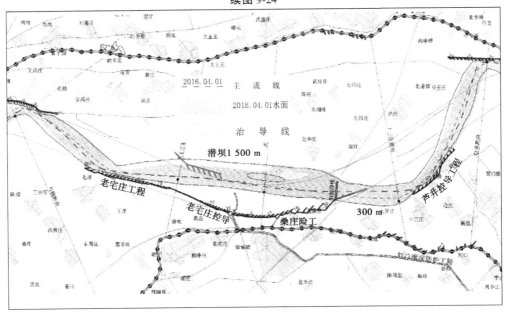

图 9-25　彭楼—李桥河段建议方案

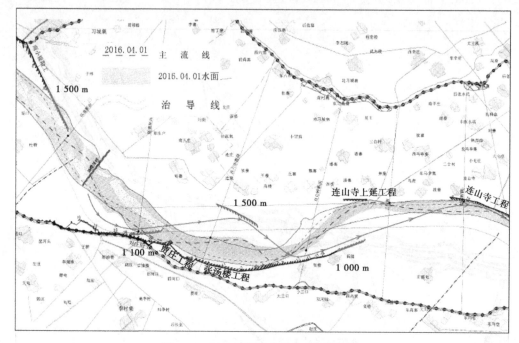

图 9-26　刘庄—连山寺整治后预期河势

9.3　小　结

（1）黄河下游河道整治实施近半个世纪以来,河势的变化已经出现了较大的改善。至 1974 年河道集中整治期结束后,主流线摆幅已经明显减小,主槽相对稳定,河势基本得到了控制。目前小浪底水库拦沙库容仍有约 40 亿 m^3 库容,按照目前的水沙调控模式,未来小浪底水库仍会长期清水小水下泄。菏泽河段未来河势演变还将维持目前的状况,即大部分河段主流线的摆动均在治导线范围内;部分河湾由于流量变小,含沙量减少,河道弯曲半径变小,弯曲系数增大,由大河湾变为小河湾;部分主流出现上提或下挫现象,有些甚至脱河;局部河段上首出现心滩增多,心滩面积增大,河道水流产生分汊现象。

（2）近期造床流量明显减小。利用马卡维耶夫输沙率法和孙东坡水沙关系系数频率法计算高村造床流量的变化,即造床流量最大的时期是在 1960～1964 年和 1974～1985 年,其中第一造床流量在 3 600～6 400 m^3/s,而到 1986～1999 年造床流量减小为 1 900～3 300 m^3/s。2000 年之后造床流量更小,第一造床流量在 2 300～2 900 m^3/s,第二造床流量仅有 1 400～2 100 m^3/s。可见,小浪底水库运用后造床流量均发生减小,目前对流塑造河床起主要作用的流量在 1 400～2 900 m^3/s。

（3）山东黄河菏泽段河道整治原则为:遵循河势演变规律,因势利导,适时修建工程,以确保进一步稳定流路,保障防洪和引水安全。为改善长期小水送溜段不足,以增加送溜长度为目标,分类采取不同治理手段。对短河段,通过上延下续调湾,改善送溜效果;对长河段,通过修建辅助工程,增加送溜长度,提出对现有控导工程布置的完善方案。建议新修整治工程共 7 处方案。

第 10 章　结论与展望

10.1　主要结论

　　游荡型河道是一种有着独特河流地貌特征的河流,存在于世界各地。游荡型河道一般比较顺直,水流分汊,通常有两股或两股以上的汊道。平面形态上表现为江心沙洲多,水流散乱,沙洲迅速移动和变形。因此,河道中的主流线位置也经常迁徙不定,同时,伴随着强烈的淤积或冲刷。长期以来黄河处于一个淤积抬升的状态,但是自小浪底水库进入拦沙运用初期后,河道水沙条件发生显著变化,河道发生了持续冲刷。游荡型河道演变是一个复杂的非线性自动调整过程,长期以来还缺乏较为一致的理论认识。本书即以河流平衡理论为基础,基于变分分析法,推求黄河下游游荡型河道的平衡河道形态特征。同时从河流距离平衡态的程度角度,即河流所处能态角度分析黄河下游游荡型河道的自动调整的复杂性机制。具体结论如下:

　　(1)黄河下游经历了三门峡水库、龙羊峡水库和小浪底水库运用的不同阶段,河道冲淤调整发生了相应的变化。其中在第一阶段(1960~1964 年),三门峡水库清水下泄阶段,全下游冲刷 13.4 亿 t,高村以上占 69%;第二阶段(1965~1973 年),三门峡水库"滞洪排沙"期,全下游共淤积 43.9 亿 t,高村以上占 68%;第三阶段(1974~1985 年),三门峡水库"蓄清排浑"期,全下游共淤积 41.1 亿 t,高村以上占 54%;第四阶段(1986~1999 年),该时期龙羊峡水库开始投入运用,全下游淤积 61.5 亿 t,高村以上占 59%;第五阶段,小浪底水库进入拦沙运用初期,全下游共冲刷 13.629 亿 m^3,其中高村以上冲刷 9.98 亿 m^3,高村以上是冲刷的主体,占全下游的 73%。沿程呈现"上段冲刷多、下段冲刷少、中间段更少"的特点。2000 年,也成了黄河下游冲淤趋势演变的转折点。

　　(2)漫滩洪水对于河漫滩的发展有着重要的意义,漫滩洪水是连接流域环境和漫滩淤积物演变的纽带。漫滩淤积一般与洪水的等级和频率有关,这很大程度上决定了滩地水深和淹没时间。洪水期含沙量的大小也是重要的控制滩地淤积的指标,因为它决定了漫滩时期能输送到滩地的悬沙供应量的多少。洪水期径流也是影响漫滩洪水冲淤演变的重要因素。黄河下游漫滩洪水,按照 Q_{max}/Q_p 比值可分为大漫滩洪水和小漫滩洪水,大漫滩洪水则是指 $Q_{max}/Q_p>1.5$ 的洪水,小漫滩洪水是指 $Q_{max}/Q_p \leqslant 1.5$ 的洪水。大漫滩洪水中当来沙系数的 $S/Q>0.034$ 时,存在明显的"滩槽同淤"的现象;而当来沙系数 $S/Q \leqslant 0.043$ 时,存在明显的"淤滩刷槽"现象。当来沙系数 $S/Q \leqslant 0.016$ 时,主槽冲刷而滩地淤积;当 $S/Q>0.016$ 时,主槽和滩地同时发生淤积。

　　(3)河道的边界条件对漫滩洪水的冲淤横向分布影响较大。1960 年前黄河下游滩地并没有大量地修建控导工程和生产堤。漫滩洪水可以顺利地进入滩地发生落淤,此时滩地与主槽的淤积抬升速率基本相同。但 1965~1990 年,河道控道工程,生产堤陆陆续续地修建,以及滩区居民的增多,滩区道路和村台等阻水建筑物的增多,进入滩地的泥沙相应减少。而漫滩洪水的淤积多集中在河道控导工程或生产堤以内的嫩滩上。因此,嫩滩与滩地的淤积抬升速率相差较大,漫滩洪水的泥沙很难靠近大堤附近的滩地。因此,沿着河道的横向产生了较大的横比降,黄河下游"二级悬河"迅速发展,形成了复杂的河道形态。

(4)基于变分分析方法通过河流平衡理论对黄河下游平衡的河道形态进行了计算。艾山至利津弯曲型河段输沙平衡的河宽 W 和宽深比 B/h,与实际的断面形态差距较小。实测宽深比(B/h)的变化范围在 $103 \sim 196$,河宽在 $447 \sim 702$ m。而宽深比(B/h)的理想平衡值在 $146 \sim 204$,河宽在 $403 \sim 608$ m,两者非常接近。这说明了艾山至利津河段的断面形态比较接近平衡状态,且实际河道演变中,该河段也是比较稳定的。从黄河下游花园口站输沙平衡所需坡降 J_{min} 与实际河道坡降的比值来看,游荡型河道在不同时期远离平衡态的程度,与河道冲淤调整趋势是比较一致。例如,在 $1960 \sim 1964$ 年,由于三门峡水库蓄水拦沙运用,河道发生冲刷,此时河道所具有的能坡 J_c 就远大于输送本身泥沙所需要的能坡 J_{min},河道发生了冲刷。而 $1980 \sim 1985$ 年,同样由于有利的水沙条件,河道发生冲刷,此时 J_c 大于 J_{min},河道所具有能坡大于输沙平衡所需能坡,河道发生冲刷。当然在 2000 年后,小浪底水库进入拦沙运用初期,除调水调沙外,其余时间均为清水下泄。该时期河道持续冲刷,仍然证明河流所处能态变化,对河道冲淤所产生的影响。

总之,河道平衡输沙所需纵比降与河道实际对比情况,能较好地被黄河下游该河段实际冲淤情况所印证,这就证明了冲积性河流平衡理论在黄河下游的适用性。也表明河流所处能态不同,对河道冲淤所产生的影响不同。

(5)黄河下游各典型水文站的河流功率 ω 分布在 $2.9 \sim 12.3$ W/m²。将国际上 192 条河流的 228 组数据与黄河下游游荡型河段河流功率放在一起,可以看出黄河下游游荡型河段属于河流功率非常小、河流能态非常低的河流。其能态非常低的原因就在于,河道比降偏小,而河宽和河道宽深比均较大。较小的河流功率,却要输送较多的来沙,因此导致河流不断游荡摆动,淤积抬升。建立了黄河下游河相系数与河流功率和来沙量之间的关系,结果表明河相系数与河流功率 $\omega_{V,bf}$ 为明显的负相关关系,与年来沙量 W_s 呈明显正相关关系,即河流功率越小,进入河道的泥沙越多,则河道的宽深比越大,河道越容易宽浅。

(6)从 $1960 \sim 2016$ 年,由于水沙和边界条件的改变,黄河下游游荡型河段的平面形态发生了较大的变化。从 50 年代的心滩边滩遍布,且面积大,水面宽广的典型游荡型河道外型,转化为 2016 年,拥有弯曲型河道的外形,且弯曲系数增大,河湾半径减小,心滩边滩大幅消失,主流归顺统一的平面形态。河道的辫状强度(汊道系数 P_T^*)大幅减小,从 1960 年的 3.16,减小为 2016 年的 2.41。通过分析 $1960 \sim 2016$ 年河道平面形态特征,发现河道不平衡程度越强,河道能态越低,河道实际比降越小于输沙平衡所需比降,即 J_{min}/J_c 越大,则河道心滩边滩面积越大,弯曲系数越小,辫状强度越大。河道所具有的能坡 J_c 越小于 J_{min},则河道能态越小,河道越容易宽浅散乱,弯曲系数越小,主流摆动频繁。

10.2　创新点

本书的创新点主要有:

（1）利用变分分析方法，确定了黄河下游河道达到稳定平衡的断面形态和比降 J_{min}，检验了河道不平衡程度参数（稳定平衡比降 J_{min} 与实际河道比降 J_c 的比值）同河道冲淤变化的对应关系。

（2）分析了黄河下游游荡型河道平面形态参数，发现河道的不平衡程度参数 J_{min}/J_c 越大，则河道越宽浅散乱，弯曲系数越小，辫状强度越大；而当河道 J_c 越接近输沙平衡所需坡降 J_{min}，则河道断面形态趋于窄深，弯曲系数增大，辫状强度趋弱。

10.3　展　望

游荡型河道的河床演变是一个复杂的非线性调整过程，主流线摆动频繁，心滩、边滩密布。河道长期处于能量不足的状态下，河道不断淤积抬升，发育了"二级悬河"，不同类型的河道平面形态。本书从河道输沙平衡所需能坡 J_{min} 与河道实际纵比降 J_c 之间的关系角度，探讨了河道的不平衡发展程度对河道平面形态的影响，但仍存在很多问题需要进一步深入研究：

（1）黄河下游由于来水来沙的逐渐减少和边界条件的改变，形成的"二级悬河"的演变对防洪安全和人居环境具有很大的威胁，如何利用河流平衡理论预测"二级悬河"的未来发展趋势和危险度、河道平面型态特征具有很重要的理论与实际应用价值。

（2）本研究仅对黄河下游游荡型河道平面形态变化与不平衡程度之间的关系进行了定性分析，但由于河型及河道平面形态与河流能态、河道边界条件、来沙粗细等均有关系，因此需要进一步研究河道平面形态与这些影响因素的定量关系式。在确定这些定量关系式时，还需要考虑平面形态调整的时效性，即滞后性。

由于作者水平和时间有限，文中不足之处在所难免，恳请各位专家学者批评指正。

参 考 文 献

[1] Abrahams A, Li G, Atkinson J F. Step-pool streams: Adjustment to maximum flow resistance. *Water Resource. Resarch*. 1995,31: 2593- 2602.

[2] Ackers P, Charlton F G. The geometry of small meandering channels. *Proc. Inst. Civil Engine*, Suppl. , London,1970,12,Paper7328S.

[3] Ackers P, Charlton F G. The slope and resistance of small meandering channels. *Proc. Inst. Civil En gine*, 15,suppl. 1971,Paper 7362S.

[4] Alexander C S,Prioejc. Holocene sedimentation rates in overbank deposits in the black bottom of the Lower Ohio River,southern Illinois. *American Journal of Science*,1971,270: 361-372.

[5] Ashmore P E. 1991. How do gravel-bed rivers braid? *Canadian Journal of Earth Sciences*, 28:326-341.

[6] Bagnold R A. 1966. An approach to the sediment transport problem from general physics. *U. S. Geological Survey Professional*,Paper,422-1.

[7] Bates P D. Floodplain Processes. Chichester: John Wiley. 1996,399-440.

[8] Bathvrst J C. Overbank sediment deposition patterns for straight and meandering flume channels. *Earth Surface Processes and Landforms*,2002,27:659-665.

[9] Benedettimm. Controls on overbank deposition in the Upper Mississippi River. *Geomorphology*,2003,56: 271-290.

[10] Bettess R, White W R. Meandering and braiding of alluvial channels. Proceedings of the Institution of Civil Engineers. Part 2,London. 1983,75: 525-538.

[11] Bettess R, White W R. Meandering and braiding of alluvial channels. In ICE Proceedings. Thomas Telford. 1983. 75(3):525-538.

[12] Bledsoe B P,Watson C C. Logistic analysis of channel pattern thresholds: Meandering, braiding, and incising. *Geomorphology*,2001,38: 281-300.

[13] Blench T. Regime theory for self-formed sediment-bearing channels. *Transaction of ASCE*, 1952, 117: 383-408.

[14] Blench T. Regime theory design of canals with sand beds. Journal of Irrigation and Drainage Division, 1970,*ASCE* 96(IR2): 205-213.

[15] Blench T. Mobile-Bed Fluviology. University of Alberta Press: Edmonton. 1969.

[16] Brice J C. Index for description of channel braiding. *Geological Society of America Bulletin*,1960,71: 1833.

[17] Brice J C. Channel patterns and terraces of the Loup Rivers in Nebraska. *Geological Survey Professional*, Paper. 1964,422-D.

[18] Brown L M. Feynman's Thesis: a New Approach to Quantum Theory. World Scientific: Hackensack,N J. 2005.

[19] Burkham D E, Channel changes of the Gila river in Safford valley,Arizona,1864-1970. *U. S. Geological Survey Professional*,Paper,1972,655G.

[20] Carson M A,The meandering-braided threshold. *Journal of Hydrology*,1984,73: 315-334.

[21] Chang H H. Minimum stream power and river channel patterns. *Journal of Hydrology*,1979,41:303-327.

[22] Chang H H. Stable alluvial canal design. *Journal of Hydraulic Division*, *Amercian Society Civil Engineers*, 1980,106:873-891.

[23] Chang H H. Geometry of gravel streams. *Journal of Hydraulic Division*, *Amercian Society Civil Engineers*, 1980,106:1443-1456.

[24] Chang H H. Design of stable alluvial canals in a system. *Journal of Irrigation and Drainage Engineering-ASCE*, 1985,111:36-43.

[25] Chang H H. River morphology and thresholds. *Journal of Hydraulic Engineering*, 1985,111:503-519.

[26] Chang H H. Fluvial Processes in River Engineering, Krieger, Melbourne, Florida. 1988.

[27] Chang H H. Geometry of rivers in regime, *Journal of Hydraulics Division*, *ASCE*, 1979,105:691-706.

[28] Dade W B. Grain size, sediment transport and alluvial channel pattern. *Geomorphology*, 2000,35:119-126.

[29] Davis T R H, Sutherland A J. Extremal Hypotheses for River Behavior. *Water Resources Research*, 1983,19 (1): 141-148.

[30] Desloges J R, Church M A. Wandering gravel-bed rivers. *Canadian Geographer*, 1989,33:360-364.

[31] Dugas R. A History of Mechanics, Maddox JR (transl.). Routledge and Kegan Paul: London. 1957.

[32] Dust David, Wohl Ellen. Conceptual model for complex river responses using an expanded Lane's relation. *Geomorphology*, 2012,139:109-121.

[33] Egozi R. Channel pattern variation in gravel bed braided rivers. PhD Thesis, The University of Western Ontario: London. 2006.

[34] Ferguson, R I. Charmel form and channel changes. In: J. Lewin (Editor), British Rivers. Allen and Unwin, London, 1981,90-125.

[35] Ferguson R I. Understanding braiding processes in gravel-bed rivers, in Braided Rivers, edited by J. L. Best and C. S. Bristow, Geol. Soc. Spec. Publ. 1993,75:73-88.

[36] Ferguson R I. Hydraulic and sedimentary controls of channel pattern. In: K. S. Richards(Editor), River Channels, Environ-ment and Process, Blackwell, London, 1987,129-158.

[37] Friend P F, Sinha R. Braiding and meandering parameters. In Braided Rivers, Best JL, Bristow CS (eds). The Geological Society, London 1993,105-112.

[38] Germanoski D, Schumm S A. Changes in braided river morphology resulting from aggradation and degradation. *Journal of Geology*, 1993,101: 451-466.

[39] Gilbert G K. Report on the geology of the Henry Mountains, United States Geographical and Geological Survey of the Rocky Mountain Region. Washington, D. C. 1877.

[40] Goldstein H. Classical Mechanics. Addison-Wesley: Reading, MA, 1950.

[41] Griffiths G A. Extremal hypotheses for river regime: an illusion of progress. *Water Resources Research*, 1984,20: 113-118.

[42] Hong L B, Davies T R H. 1979, A study of stream braiding. *Geological Society of America Bulletin*, 90 (Part II): 1839-1859.

[43] Howard A D, Keetch M E, Vincent C L. Topological and geometrical properties of braided streams. *Water Resources Research*, 1970,6: 1674-1688.

[44] H Q Huang, G C Nanson. On a multivariate model of channel geometry, in Proceedings of XXVIth IAHR Congress, Thomas Telford, London. 1995(1):570-515.

[45] H Q Huang, G C Nanson. Vegetation and channel variation: a case study of four small streams in south-eastern Australia, *Geomorphology*, 1997,18,237-249.

[46] Huang H Q, Nanson G C. The influence of bank strength on channel geometry: An integrated analysis of some observations. *Earth Surf. Processes Landforms*, 1998. , 23:865-876.

[47] Huang H Q, Nanson G C. Hydraulic geometry and maximum flow efficiency as products of the principle of least action. *Earth Surface Processes and Landforms*, 2000, 25:1-16.

[48] Huang H Q, Nanson G C. Alluvial channel-form adjustment and the variational principle of least action. Proceedings of the XXIX IAHR Congress, Beijing, Theme D, 2001, 410-415.

[49] Huang H Q, Nanson G C. A stability criterion inherent in laws governing alluvial channel flow. *Earth Surface Processes and Landforms*, 2002, 27:929-944.

[50] Huang H Q, Nanson G C, Fagan S D. Hydraulic geometry of straight alluvial channels and the principle of least action. *Journal of Hydraulic Research*, 2002, 40:153-160.

[51] Huang H Q, Nanson G C. 'Least action principle' and 'maximum flow efficiency'. In Encyclopaedia of Geomorphology, Goudie AS (ed.). Routledge: London, 2004, 616-617, 654-655.

[52] Huang H Q, Chang H H, Nanson G C. Minimum energy as the general form of critical flow and maximum flow efficiencyand for explaining variations in river channel pattern. *Water Resources Research*, 2004, 40: 4502.

[53] Huang H Q, Chang H H. Scale Independent Linear Behavior of Alluvial Channel Flow. *Journal of Hydraulic Engineering*, ASCE, 2006, 132:7(722).

[54] Huang H Q. Reformulation of the bed load equation of meyer-peter and müller in light of the linearity theory for alluvial channel flow. *Water Resources Research*, 2010, 46(9), 161-170.

[55] He Qing Huang, Caiyun Deng, Gerald C Nanson, et al. A test of equilibrium theory and a demonstration of its practical application for predicting the morphodynamics of the Yangtze River. *Earth Surface Processes and Landforms*, 2014, 39: 669-675.

[56] Ikeda S, Parker G, Kimura Y. Stable width and depth of straight gravel rivers with heterogeneous bed materials. *Water Resources Research*, 1988, 24:713-722.

[57] Ikeda S. Self-formed straight channels in sandy beds. *Journal of the Hydraulics Division*, ASCE, 1981, 107: 389-406.

[58] James C S. Sediment transfer to overbank sections. *J Hydraul Res*, 1985, 23: 435-452.

[59] Julien P Y, Wargadalam J. Alluvial channel geometry: Theory and applications. *J. Hydraul. Eng.*, 1995, 121: 312-325.

[60] Kesel R H, Dynne K C, Mcdonald R C. Lateral deposition on the Mississippi River in Louisiana caused by 1973 flooding. *Geology*, 1974, 9: 461-464.

[61] Kirkby M J. Maximum sediment transporting ef. ficiency as a criterion for alluvial channels, in River Channel Changes, edited by K. J. Gregory, Wiley, 1977, 450-467.

[62] Kendall M G. Rank correlation measures. Charles Griffin. London, UK, 1975.

[63] Knighton D. Fluvial forms and processes: a new perspective. ed. 2. Arnold, Hodder Headline, PLC, 1998.

[64] Kovacs A, Parker G. A new vectorial bedload formulation and its application to the time evolution of straight river channels. *Journal of Fluid Mechanics*, 1994, 267: 153-184.

[65] Kroemer H. Quantum Mechanics: for Engineering, Materials Science, and Applied Physics. Prentice-Hall: Englewood Cliffs, NJ. 1994.

[66] Lacey G. Stable channels in alluvium. Proceedings of the Institution of Civil Engineers, London, 1929, 229: 259 -292.

[67] Lacey G. Uniform flow in alluvial rivers and canals. Proceedings of the Institution of Civil Engineers,

London,1933,237: 421-453.

[68] Lacey G. A general theory of flow in alluvium. Proceedings of the Institution of Civil Engineers,London, 1946,27: 16-47.

[69] Lacey G. Flow in alluvial channels with sandy mobile beds. Proceedings of the Institution of Civil Engineers,London,1958,11: 145-164.

[70] Lambert C P, Walling D E. Floodplain sedimentation: a preliminary investigation of contemporary deposition within the lower reaches of the River Culm,Devon,UK. Geografiska Annaler,1987,69A: 393-404.

[71] Lanczos C. The Variational Principles of Mechanics. University of Toronto Pr1ess: Toronto. 1952.

[72] Lane E W. Design of Stable Channel. *Transactions of the American Society of Civil Engineers*,1955,120 (1):1234-1260.

[73] Langbein W B, Leopold L B. Quasi-equilibrium states in channel morphology. *American Journal of Science*,1964,262(6): 782-794.

[74] Leopold L B,Langbein W B. The concept of entropy in landscape evolution. Geological Survey Professional Paper 500-A. U. S. Government Printing Office Washington,DC,1962.

[75] Leopold L B,Wolman M G. River channel patterns: braided, meandering and straight. US Geological Survey Professional,Paper. 1957,282: 85-103.

[76] MacFarlane W A,Wohl E. Influence of step composition on step geometry and flow resistance in step-pool streams of the Washington Cascades. *Water Resour. Res*,2003,39:36-42.

[77] Makaske B. Anastomosing rivers: a review of their classification,origin and sedimentary products. *Earth-Science Review*,2001,53: 149-196.

[78] Makin J H. The concept of the graded river. *Geological Society of America Bulletin*,1948,59:463-511.

[79] Mann H B. Non-parametric tests against trend. *Econometric*,1945,13(3): 245-259.

[80] Miao C,Ni J,Borthwick A G L,et al. A preliminary estimate of human and natural contributions to the changes in water discharge and sediment load in the Yellow River. *Global and Planetary Change*,2011, 76:196-205.

[81] Millar R G. Influence of bank vegetation on alluvial channel patterns. *Water Resour. Res.* 2000,36: 1109-1118.

[82] Millar R G,Quick M C. Effect of bank stability on geometry of gravel rivers. *J. Hydraul. Eng.* ,1993,119: 1343-1363.

[83] Mosley P M. Semi-determinate hydraulic geometry of river channels,South Island,New Zealand. *Earth surface Processe and Landforms*,1981,6: 127-137.

[84] Nanson G C,Hickin E J. A statistical analysis of bank erosion and channel migration in western Canada. *Geological society of Amercia Bulletin.* ,1986,97: 497-504.

[85] Nanson G C,Hickin E J. Channel Migration and Incision on the Beatton River. *Journal of Hydraulic Engineering*,1983,109:327-337.

[86] Nanson G C,Croke J C. A genetic classification of floodplains. *Geomorphology*,1992,4: 459-486.

[87] Newson M D. Flood effectiveness in river basins: progress in Britain in a decade of drought Bevan K, Carling P,Floods: hydrological,sedimentological and geomorphological implications. Chichester: Wiley, 1989:151-169.

[88] Nanson G C,Huang H Q. A philosophy of rivers-Equilibrium states,channel evolution,teleomatic change and least action principle. *Geomorphology*,2016.

[89] Nanson G C, Huang H Q. Self-adjustment in rivers: Evidence for least action as the primary control of alluvial-channel form and process. *Earth surface process and landforms*. 2016.

[90] Parker D J. Floodplain development policy in England and Wales. *Applied Geography*, 1995, 15: 341-363.

[91] Parker G. Self-formed straight river with equilibrium banks and mobile bed, Part 1, The sand-silt river'. Journal of Fluid Mechanics. 1978, 89: 109-125.

[92] Parker G. Hydraulic geometry of active gravel rivers. *Journal of the Hydraulics Division, ASCE*, 1979: 105: 1185-1201.

[93] Parker G. Self-formed straight rivers with equilibrium banks and mobile bed. Part 2. The gravel river, J. Fluid Mech. , 1978, 89(1): 127-146.

[94] Pettitt A N. A non-parametric approach to the change-point problem*Applied Statistics*, 1979, 28(2), 126-135.

[95] Phillips J D. The end of equilibrium? *Geomorphology*, 1992, 5(3): 195-201.

[96] Pizzuto J E. Numerical simulation of gravel bed widening. *Water Resources Research*, 1990, 26: 1971-1980.

[97] Pttter D F, Kinsey W F, Kauffman M E. Overbank sedimentation in the delaware river valley during the last 6000 years. *Science*, 1973, 179: 374-375.

[98] Rust B R. A classification of alluvial channel systems. In Fluvial Sedimentology, Miall AD (ed.). Canadian Society of Petroleum Geologist: Alberta, 1978, 187-198.

[99] Schroeder M. Fractals, Chaos, Power Laws-Minutes from an Infinite Paradise. Freeman: New York. 1991.

[100] Schumm S A. The fluvial system. New York: Wiley, 1977, 338.

[101] Schumm S A. Patterns of alluvial rivers. *Annual Review of Earth and Planetary Sciences*, 1985, 13: 5-27.

[102] Schumm S A. The shape of alluvial channels in relation to sediment type. United States Geological Survey Professional Pap, 1960, 352B: 17-30.

[103] Schumm S A, Khan H R. Experimental study of channel patterns. *Geological society of Amercia Bulletin*, 1972, 83: 1755-1770.

[104] Schumm S A, Lichty R W. Channel widening and flood-plain construction along the Cimaron River in South Western Kansas. U. S. Geol. Surv. Prof. Pap. , 1963, 352D.

[105] Schumm S A. River metamorphosis. *Journal of Hydraulics Division of American Society of Civil Engineers*, 1969, 95 (HY1): 255-273.

[106] Simons D B, Albertson M L. Uniform water conveyance channels in alluvial materials. *Journal of the Hydraulics Division, ASCE* 1960, 86: 33-71.

[107] Stauffer D, Stanley H E. From Newton to Mandelbrot: a Primer in Theoretical Physics. Springer: New York. 1989.

[108] Thorn C E, Welford M R. The equilibrium concept in geomorphology. *Annals of the Association of American Geographers*, 1994, 84(4): 666-696.

[109] Van den berg J H. Prediction of alluvial channel pattern of perennial rivers. *Geomorphology*, 1995, 12: 25-27.

[110] Vigilar G G, Diplas P. Stable channels with mobile bed: model verification and graphical solution. *Journal of Hydraulic Engineering, ASCE*, 1998, 124: 1097-1108.

[111] Vigilar G G, Diplas P. Stable channels with mobile bed: formulation and numerical solution. *Journal of Hydraulic Engineering*, 1997, ASCE123: 189-199.

[112] Wang H, Yang Z, Saito Y, et al. Interannual and seasonal variation of the Huanghe (Yellow River) water

discharge over the past 50 years: Connections to impacts from ENSO events and dams. *Global & Planetary Change*, 2006, 50(3-4):212-225.

[113] Wang S Q, Zhang R. Cause of formation of channel patterns and pattern predictions. Proceedings of XXI-Ⅱ IAHR Congress, Ottawa, Ontario, 1989:B131-B136.

[114] White W R, Bettess R, Paris E. Analytical approach to river regime. *Journal of the Hydraulics Division*, *ASCE*, 1982, 108:1179-1193.

[115] Wolman M G, Miller J P. Magnitude and frequency of forces in geomorphic processes. *Journal of Geology*, 1960, 68: 54-74.

[116] Wong M, Parker G. Flume experiments with tracer stones under bedload transport. River, Coastal and Estuarine Morphodynamics: RCEM2005-Parker & Garcia(eds), 2006.

[117] Wu B S, Zheng S, Thorne C R. A general framework for using the rate law to simulate morphological response to disturbance in the fluvial system. *Progress in Physical Geography*, 2012, 36:575-579.

[118] Yang S, Zhao Q, Belkin I M. Temporal variation in the sediment load of the Yangtze River and the influences of human activities. *Journal of Hydrology*, 2002, 263(1): 56-71.

[119] Yang C T. Potential energy and stream morphology. *Water Resources Research*, 1971, 7(2):311-322.

[120] Zipf G K. Human Behavior and the Principle of Least Effort. Addison-Wesley: Cambridge, MA. 1949.

[121] 曹颖梅, 孙元坤, 张宏威. 小流域洪水过程线计算方法探讨[J]. 内蒙古水利, 2011(2):75-76.

[122] 陈家琦, 滕炜芬, 顾文燕. 概化多峰三角形设计洪水过程线[J]. 水利水电技术, 1962(1):43-49.

[123] 陈绪坚, 胡春宏. 基于最小可用能耗率原理的河流水沙数学模型[J]. 水利学报, 2004(8):38-45.

[124] 陈建国, 胡春宏, 董占地, 等. 黄河下游河道平滩流量与造床流量的变化过程研究[J]. 泥沙研究, 2006(5):10-16.

[125] 高荣松. 推求小流域设计洪水过程线的一种数学模型[J]. 成都科技大学学报, 1980(2):77-84.

[126] 韩其为. 水库淤积[M]. 北京:科学出版社, 2003.

[127] 侯志军, 李勇, 王卫红. 黄河漫滩洪水滩槽水沙交换模式研究[J]. 人民黄河, 2010, 32(10): 63-67.

[128] 胡春宏, 曹文洪. 黄河口水沙变异与调控Ⅱ——黄河口治理方向与措施[J]. 泥沙研究, 2003, (5): 9-14.

[129] 胡春宏, 陈建国, 刘大滨, 等. 水沙变异条件下黄河下游河道横断面形态特征研究[J]. 水利学报, 2006, 37(11):1283-1289.

[130] 胡春宏, 张治昊. 黄河口尾闾河道平滩流量与水沙过程响应关系[J]. 水科学进展, 2009, 20(2): 209-214.

[131] 胡国波. 洪水过程线为五边形的调洪解析计算[J]. 江西水利科技, 1993, 19(3): 198-201.

[132] 韩其为. 黄河下游输沙及冲淤的若干规律[J]. 泥沙研究, 2004, 63(3):1-13.

[133] 黄河清. 冲积河流平衡条件对输沙函数敏感度的数理分析[J]. 中国科技论文, 2007, 2(9):629-634.

[134] 黄河水利委员会. 黄河调水调沙理论与实践[M]. 郑州:黄河水利出版社, 2013.

[135] 黄河水利委员会水利科学研究院. 黄河科学研究志[M]. 郑州:河南人民出版社, 1998.

[136] 李松恒, 龙毓骞. 黄河下游输沙率修正方法和应用[J]. 泥沙研究, 1994(3): 35-40.

[137] 李远发, 陈俊杰, 任艳粉. 花园口—孙口河段漫滩洪水演进特征分析[J]. 人民黄河, 2011, 33(8): 23-24.

[138] 李凌云, 吴保生. 渭河下游平滩流量的预测[J]. 清华大学学报(自然科学版), 2010, 50(6):852-856.

[139] 李文文,傅旭东,吴文强,等.黄河下游水沙突变特征分析[J].水力发电学报,2014,33(1):108-113.

[140] 刘晓芳,黄河清,邓彩云.江心洲平衡形态水动力条件的理论分析[J].水科学进展,2014,25(4):477-483.

[141] 刘月兰,韩少发,吴知.黄河下游河道冲淤计算方法[J].泥沙研究,1987(3):30-42.

[142] 刘月兰,张华兴,陈东伶.小江调水对渭河下游减淤作用分析[C].郑州:黄河水利科学研究院,2005.

[143] 林秀芝,田勇,伊晓燕,等.渭河下游平滩流量变化对来水来沙的响应[J].泥沙研究,2005(5):1-4.

[144] 卢金友,冲积性河流自动调整机理研究综述[J].长江科学学院报,1990(2):40-50.

[145] 穆兴民,巴桑赤烈,Zhang lu,等.黄河河口镇至龙门区间来水来沙变化及其对水利水保措施的响应[J].泥沙研究,2007(2):36-41.

[146] 倪晋仁,张仁.河相关系研究的各种方法及其间关系[J].地理学报,1992(4):368-375.

[147] 潘贤娣,李勇,张晓华,等.三门峡水库修建后黄河下游河床演变[M].郑州:黄河水利出版社,2006.

[148] 钱宁,万兆惠.泥沙运动力学[M].北京:科学出版社,1986.

[149] 钱宁,张仁,周志德.河床演变学[M].北京:科学出版社,1987.

[150] 齐璞,高航,孙赞盈,等.淤滩与刷槽之间没有必然的联系[J].人民黄河,2005,27(10):16-17.

[151] 任健.黄河下游水沙变化与河床调整的多尺度周期分析及模型预测[D].北京:中国水利水电科学研究院,2014.

[152] 申冠卿,姜乃迁,张原锋.黄河下游断面法与沙量法冲淤计算成果比较及输沙率资料修正[J].泥沙研究,2006(1):32-37.

[153] 申冠卿,刘晓燕,张原锋.黄河下游洪水历时变化对河道输沙的影响[J].水力发电学报,2013,29(3):139-142.

[154] 申冠卿,张原锋,曲少军.黄河下游不同峰型洪水对泥沙输移的影响[J].水利学报,2008,39(1):7-13.

[155] 史红玲,胡春宏,王延贵,等.黄河流域水沙变化趋势分析及原因探讨[J].人民黄河,2014,36(4):1-5.

[156] 王国安.论设计洪水过程线的拟定方法[J].黄河建设,1964(1):43-45.

[157] 吴保生,张原锋.黄河下游输沙量的沿程变化规律和计算方法[J].泥沙研究,2007b,(1),30-35.

[158] 吴保生.冲积性河流河床演变的滞后响应模型-I模型建立[J].泥沙研究,2008(6),1-7.

[159] 吴保生.冲积性河流河床演变的滞后响应模型-II模型应用[J].泥沙研究,2008(6),30-37.

[160] 吴保生,夏军强,张原峰.黄河下游平滩流量对来水来沙变化的响应[J].水利学报,2007,38(7),886-892.

[161] 吴保生,张原锋,申冠卿,等,维持黄河主槽不萎缩的水沙条件研究[M].郑州:黄河水利出版社,2010.

[162] 谢贻赋.五边形设计洪水过程线调洪计算的简化图解法[J].农田水利与小水电,1992(5):34-36.

[163] 杨荣富,丁晶.单峰型洪水过程线的概化及随机模拟[J].成都科技大学学报,1990(5):67-73.

[164] 姚文艺,徐宗学,王云璋.气候变化背景下黄河流域径流变化情势分析[J].气象与环境科学,2009,32(2):1-6.

[165] 姚文艺,冉大川,陈江南.黄河流域近期水沙变化及其趋势预测[J].水科学进展,2013,24(5):607-616.

[166] 姚文艺,李勇,张原锋.维持黄河下游排洪输沙基本功能的关键技术研究[M].北京:科学出版

社,2007.

[167] 姚传江,龙毓骞,张留柱.黄河下游断面法冲淤量分析与评价[R].郑州:黄河水利委员会水利科学研究院,2002.

[168] 于思洋,黄河清,范北林.利用河流平衡理论检验推移质输沙函数的应用性[J].泥沙研究,2012(2):19-25.

[169] 张原锋,刘晓燕,张晓华.黄河下游中常洪水调控指标[J].泥沙研究,2006(12):1-5.

[170] 张敏.黄河下游河道横断面形态演变特点及调整规律探讨[D].太原:太原理工大学,2006.

[171] 张敏,王卫红,侯志军,等.渭河下游河道横断面调整特点及机理探讨[J].人民黄河,2007,29(2):33-34.

[172] 张敏,李勇,王卫红.现有横断面形态的研究成果及其在黄河下游的适用性验证[J].泥沙研究,2008(2):62-68.

[173] 张敏,张壮志,张辛.对黄河下游断面形态调整及影响因素的新认识[J].人民黄河,2008,30(10):28-29.

[174] 张敏,黄河清,张晓华.黄河下游漫滩洪水冲淤规律[J].水科学进展,2016,27(2):165-175.

[175] 张敏,张明武,何桂英,等.黄河下游不同峰型非漫滩洪水冲刷效率分析[J].人民黄河,2016,38(1):1-4.

[176] 赵广举,穆兴民,温仲明,等.皇甫川流域降水和人类活动对水沙变化的定量分析[J].中国水土保持科学,2013,11(4):1-8.

[177] 赵文林.黄河泥沙[C]//黄河泥沙黄河水利科学技术丛书[M].郑州:黄河水利出版社,1996.

[178] 黄河水利委员会水文处.黄河土城子挟沙能力测验成果初步分析[J].黄河建设,1959(3):52-57.

附　录

A——过水断面面积,单位:m^2

B——河宽,单位:m

C_b——Meyer-Peter 和 Müller 输沙公式的系数

h——断面平均水深,单位:m

d——床沙粒径,单位:m

g——重力加速度,单位:m/s^2

n——糙率系数

Q——水流流量,单位:m^3/s

Q_s——河流输沙率,单位:t/s

S——含沙量,单位:kg/m^3

Q_{smax}——河流达到输沙平衡时的输沙率,单位:m^3/s

Q_{bf}——平滩流量,单位:m^3/s

q_b——河流单宽体积输沙率,单位:m^2/s

q_b^*——无量纲的河流单宽体积输沙率

R——过水断面水力半径,单位:m

J——水流能坡比降或河床比降

J_{min}——河道达到输沙平衡时的水流能坡比降

J_c——河道实际纵比降

V——断面平均流速,单位:m/s

α——Meyer-Peter 和 Müller 输沙公式的指数

γ——水体容重,$\gamma = \rho g$,单位:$kg/(m^2 \cdot s^2)$

γ_s——水体容重,$\gamma_s = \rho_s g$,单位:$kg/(m^2 \cdot s^2)$

ρ——水体密度,单位:kg/m^3

τ_0——过水断面的平均剪切力,单位:N/m^2

τ_c——过水断面的临界剪切力,单位:N/m^2

τ_0^*——无量纲水流平均剪切应力

τ_c^*——无量纲水流临界剪切应力

ζ——断面几何形态参数宽深比,$\zeta = B/h$

ω——单宽河流功率,单位:W/m^2

Ω_V——河流功率,$\Omega_V = \gamma Q S_V$

P_T^*——汊道系数,$P_T^* = \sum L_L / \sum L_{ML}$,$L_L$ 是汊道长度,L_{ML} 是指主流长度

P——弯曲系数

R——河湾半径,单位:m

L——河道主流线长度,单位:km